Angewandte Statistik in der Bewegungswissenschaft (Band 3)

Kerstin Witte

Angewandte Statistik in der Bewegungswissenschaft (Band 3)

Kerstin Witte
Institut III: Philologie, Philosophie und
Sportwissenschaft
Otto-von-Guericke-Universität Magdeburg
Magdeburg, Deutschland

ISBN 978-3-662-58359-3   ISBN 978-3-662-58360-9   (eBook)
https://doi.org/10.1007/978-3-662-58360-9

Die Deutsche Nationalbibliothek verzeichnet diese Publikation in der Deutschen Nationalbibliografie;
detaillierte bibliografische Daten sind im Internet über http://dnb.d-nb.de abrufbar.

Springer Spektrum

Verantwortlich im Verlag: Marion Krämer

Springer Spektrum ist ein Imprint der eingetragenen Gesellschaft Springer-Verlag GmbH, DE und ist ein
Teil von Springer Nature
Die Anschrift der Gesellschaft ist: Heidelberger Platz 3, 14197 Berlin, Germany

Vorwort

Gegenstand des vorliegenden dritten Bandes der Lehrbuchreihe zur Sportmotorik ist die Anwendung der Statistik in der Bewegungswissenschaft. Dieses Buch ist insbesondere für sportwissenschaftliche Bachelor- und Masterstudiengänge, aber auch für die Weiterbildung von Trainern und Übungsleitern gedacht. Genauso sollen sich auch Doktoranden angesprochen fühlen, die das grundlegende Vorgehen und statistische Verfahren für bewegungswissenschaftliche Problemstellungen wiederholen möchten.

Bereits im Band 2 wurde der Leser dazu angeregt, eigene Studien durchzuführen. Aber auch viele Projekt- und Abschlussarbeiten bedürfen einerseits des Verständnisses vorangegangener Studiendesigns und andererseits auch der Studienplanung und deren statistischer Auswertung. Obwohl es eine Vielzahl von Fachbüchern hierzu gibt, fällt es den Studierenden immer wieder schwer herauszufinden, wie vorzugehen ist und welches Verfahren der Datenanalyse geeignet ist. So ist es die Aufgabe dieses Buches, übersichtlich die wichtigsten statistischen Verfahren darzustellen, dabei den fachlichen Hintergrund aber nur so weit zu erläutern, wie er für das Verständnis notwendig ist. Schon an dieser Stelle sei auf die entsprechende vertiefende Literatur hingewiesen. Aufgaben, meist am Ende eines Kapitels, sollen dem Leser helfen, das erworbene theoretische Wissen auf praktische Problemstellungen anzuwenden. Außerdem werden Hinweise zur Lösung von Aufgaben aus dem Band 2 „Ausgewählte Themen der Sportmotorik für das weiterführende sportwissenschaftliche Studium" gegeben.

Die Auswahl der Themen des vorliegenden Bandes erfolgte auf der Grundlage meiner langjährigen Erfahrungen in der Lehre und Forschung im Bereich Bewegungswissenschaft. Um Studierende an interessante Problemstellungen heranzuführen, sind eigenständige Untersuchungen wichtig. Doch trotz des Besuches der Lehrveranstaltungen in der Methodenlehre ist es für sie immer wieder schwierig, methodisches Grundwissen mit dem Fachwissen zu verbinden. Ich versuche mit diesem Buch, diese Lücke zu schließen. Dabei gehe ich auf die folgenden Themen ein: empirische Forschungsmethoden, deskriptive Statistik, Wahrscheinlichkeitstheorie, Parameterschätzung, Aufstellen und Prüfen von Hypothesen, Verfahren zum Testen von Unterschieds- und Zusammenhangshypothesen, Varianzanalyse, Faktorenanalyse, Testtheorie und Zeitreihenanalyse.

In jedem Kapitel wird angestrebt, sich auf die grundlegenden mathematischen Beziehungen zu beschränken. Viele Schemata in den einzelnen Abschnitten sollen helfen, einen Überblick über die jeweiligen statistischen Verfahren sowie eine entsprechende Entscheidungshilfe zu erhalten. Daraus resultiert aber auch, dass nicht alle Details und Varianten der jeweiligen Verfahren besprochen werden können. Hier sei der Leser gefordert, sein Wissen durch spezielle Statistik-Literatur zu vertiefen. Am Ende jedes Kapitels ist eine Reihe von mir verwendeter und empfohlener Literatur zu finden.

Inzwischen gibt es viele Softwareprodukte, die eine umfangreiche Auswahl von statistischen Verfahren, der Datenanalyse und der grafischen Darstellung bieten. An einigen Stellen des Buches werden Hinweise zur Nutzung des SPSS-Softwaretools gegeben, da dieses Programm an vielen Einrichtungen die diesbezüglich am häufigsten genutzte Software in Lehre und Forschung ist. Natürlich bieten andere Softwaretools ähnliche und oft auch bessere Möglichkeiten. Es bleibt selbstverständlich dem Leser überlassen zu entscheiden, welche Software er nutzen möchte. Doch trotz aller rechentechnischer Unterstützung muss der Anwender immer noch selbst über das Wissen darüber verfügen, welche Methode für seine Problemstellung richtig ist.

Auf Grund der besseren Lesbarkeit wurde auch in diesem Band auf die weibliche Form verzichtet.

Ich hoffe, dass ich mit diesem Buch einen Beitrag dazu leisten konnte, Studierenden die Angst vor der Statistik in der Bewegungswissenschaft und allgemein in der Sportwissenschaft zu nehmen. Es wäre schön, wenn dadurch selbstständige Untersuchungen im Studium und das Verständnis beim Lesen von fachwissenschaftlicher Literatur befördert werden könnten.

Kerstin Witte
Magdeburg
im August 2018

Inhaltsverzeichnis

1	**Grundlagen empirischer Forschung in der Bewegungswissenschaft** ...	1
1.1	Phasen der empirischen Forschung	2
1.2	Hypothesen	2
1.3	Wichtige Aspekte der Planungsphase	6
1.4	Datenaufbereitung in der Auswertungsphase	7
1.5	Hinweise zur Bearbeitung von Aufgaben aus dem Band 2	7
	Literatur	8
2	**Deskriptive Statistik**	11
2.1	Statistische Grundbegriffe	12
2.2	Skalierung eines Merkmals	13
2.3	Häufigkeitsverteilung eines Merkmals	14
2.4	Maße der zentralen Tendenz	16
2.5	Streuungsmaße	17
2.6	z-Transformation	20
2.7	Aufgaben zur Vertiefung	21
2.8	Hinweise zur Bearbeitung von Aufgaben aus dem Band 2	22
	Literatur	23
3	**Wahrscheinlichkeiten und Verteilungen**	25
3.1	Einleitung	26
3.2	Wahrscheinlichkeitstheoretische Grundkenntnisse	27
3.3	Wahrscheinlichkeits- und Verteilungsfunktionen	30
3.3.1	Normalverteilung	31
3.3.2	Standardnormalverteilung	33
3.3.3	Tests zur Prüfung auf Normalverteilung	34
3.3.4	Andere Verteilungen	34
3.4	Aufgaben zur Vertiefung	36
	Literatur	37
4	**Parameterschätzung**	39
4.1	Einleitung	40
4.2	Stichprobenarten	41
4.3	Verteilung der Stichprobenkennwerte	44
4.4	Konfidenzintervalle	47
4.5	Aufgaben zur Vertiefung	49
	Literatur	49
5	**Hypothesen**	51
5.1	Einleitung	52
5.2	Arten von Hypothesen	53
5.3	Fehlerarten	55
5.4	Signifikanzaussagen	56

5.5	Hypothesentests – Überblick	59
5.6	Aufgaben zur Vertiefung	60
5.7	Hinweise zur Bearbeitung von Aufgaben aus dem Band 2	60
	Literatur	61
6	**Statistische Verfahren zur Überprüfung von Unterschiedshypothesen bei zwei Stichproben**	**63**
6.1	Einleitung und Übersicht	64
6.2	t-Test für den Vergleich zweier Mittelwerte aus unabhängigen und abhängigen Stichproben	66
6.2.1	Unabhängige Stichproben	66
6.2.2	Abhängige Stichproben	67
6.2.3	F-Test zum Vergleich zweier Stichprobenvarianzen	68
6.3	Verfahren für Ordinaldaten	69
6.3.1	U-Test von Mann-Whitney	69
6.3.2	Wilcoxon-Test für zwei abhängige Stichproben	71
6.4	Verfahren für Nominaldaten	72
6.4.1	Chi-Quadrat-Test für unabhängige Stichproben	72
6.4.2	Vierfelder-Kontingenztafel	74
6.4.3	McNemar-Test	76
6.5	Hinweise für Mittelwertvergleiche bei der Verwendung von IBM Statistics SPSS 25	77
6.6	Aufgaben zur Vertiefung	77
6.7	Hinweise zur Bearbeitung von Aufgaben aus dem Band 2	78
	Literatur	78
7	**Statistische Verfahren zur Überprüfung von Zusammenhangshypothesen bei zwei Stichproben**	**79**
7.1	Einleitung und Übersicht	80
7.2	Regression	82
7.2.1	Lineare Regression	82
7.2.2	Kovarianz	84
7.2.3	Statistische Absicherung	85
7.2.4	Multiple lineare Regression	86
7.3	Merkmalszusammenhänge	87
7.3.1	Verfahren	87
7.3.2	Statistische Absicherung	91
7.4	Aufgaben zur Vertiefung	92
7.5	Hinweise zur Bearbeitung von Aufgaben aus dem Band 2	94
	Literatur	95
8	**Varianzanalytische Methoden**	**97**
8.1	Einleitung und Überblick	98
8.2	Einfaktorielle Varianzanalyse	101
8.2.1	Grundprinzip	101
8.2.2	Statistische Ergänzungen	105
8.3	Zweifaktorielle Varianzanalyse	107

8.4   **Varianzanalyse mit Messwiederholung** 108
8.5   **Nichtparametrische Verfahren**.. 110
8.5.1   Kruskal-Wallis-Test.. 110
8.5.2   Friedman-Test.. 111
8.6   **Aufgaben zur Vertiefung** 112
8.7   **Hinweise zur Bearbeitung von Aufgaben aus dem Band 2** 118
        Literatur.. 118

9   **Strukturentdeckende Verfahren** 119
9.1   **Einleitung**.. 120
9.2   **Faktorenanalyse** 121
9.2.1   Grundlagen 121
9.2.2   Anwendungen in der Sportmotorik... 125
9.2.3   Gemeinsamkeiten und Unterschiede der Faktorenanalyse und
        Hauptkomponentenanalyse.. 126
9.3   **Hauptkomponentenanalyse (PCA)**.. 126
9.3.1   Grundlagen 126
9.3.2   Anwendungen in der Sportmotorik... 129
9.3.3   Hinweise zur Nutzung von SPSS 130
9.4   **Clusteranalyse** 131
9.4.1   Grundlegendes.. 131
9.4.2   Ähnlichkeits- und Distanzmaße... 132
9.4.3   Clusteranalytische Verfahren 134
9.5   **Aufgaben zur Vertiefung** 136
        Literatur.. 137

10   **Grundlagen der Testtheorie und Testkonstruktion** 139
10.1   **Einführung in die Testtheorie**... 140
10.1.1   Grundlagen der klassischen Testtheorie.. 141
10.1.2   Grundlagen der probabilistischen Testtheorie.................................... 143
10.2   **Grundlagen der Testkonstruktion**.. 144
10.3   **Evaluierung eines Tests auf der Grundlage von Gütekriterien**................... 146
10.3.1   Objektivität... 147
10.3.2   Reliabilität.. 147
10.3.3   Validität.. 150
10.4   **Fragebogenkonzipierung** 152
10.5   **Motorische Tests** 153
10.6   **Einige weitere Aspekte der empirischen Forschungsmethode**.................. 154
10.7   **Aufgaben zur Vertiefung** 156
        Literatur.. 158

11   **Zeitreihenanalyse** 159
11.1   **Einleitung**.. 160
11.2   **Beschreibung von Zeitreihen**... 161
11.2.1   Methoden der Trendermittlung 164
11.2.2   Periodische Schwankungen und ihre Analyse 166

11.3   **Stochastische Prozesse**   169

11.3.1   Grundlegende stationäre Zeitreihenmodelle   169

11.3.2   Spektren stationärer Prozesse   171

11.3.3   Statistische Analyse im Zeitbereich   171

11.4   **Anwendungen auf bewegungswissenschaftliche Problemstellungen**   172

11.5   **Aufgaben zur Vertiefung**   174

         Literatur   176

Serviceteil

Sachverzeichnis   181

Grundlagen empirischer Forschung in der Bewegungswissenschaft

1.1   Phasen der empirischen Forschung – 2

1.2   Hypothesen – 2

1.3   Wichtige Aspekte der Planungsphase – 6

1.4   Datenaufbereitung in der Auswertungsphase – 7

1.5   Hinweise zur Bearbeitung von Aufgaben aus dem Band 2 – 7

        Literatur – 8

© Springer-Verlag GmbH Deutschland, ein Teil von Springer Nature 2019
K. Witte, *Angewandte Statistik in der Bewegungswissenschaft (Band 3)*,
https://doi.org/10.1007/978-3-662-58360-9_1

1

Um zu wissenschaftlich fundierten Erkenntnissen zu kommen, nutzt die Bewegungswissenschaft vielfach empirische Untersuchungsverfahren. Hierzu gibt es eine allgemeine Vorgehensweise, die im Wesentlichen darin besteht, die aufgestellten Hypothesen zu bestätigen oder zu widerlegen. Doch was muss man dabei beachten? Um diese Frage zu beantworten, ist es ein Anliegen dieses Kapitels, ein Grundverständnis für das Aufstellen von Hypothesen zu vermitteln.

1.1 Phasen der empirischen Forschung

In der Bewegungswissenschaft werden sehr viele empirische Untersuchungen durchgeführt, um faktisches Wissen über die Grundlagen der menschlichen Bewegung zu erhalten. Dabei versteht man unter empirischer Forschung allgemein die methodisch-systematische Sammlung von Daten mit dem Ziel, vorher aufgestellte Hypothesen zu bestätigen oder zu widerlegen. Empirische Forschung kann im Labor unter standardisierten Bedingungen und im Feld (z. B. in der Sportpraxis) stattfinden.

Die Phasen der empirischen Forschung sind allgemein: Erkundungsphase, theoretische Phase, Planungsphase, Untersuchungsphase, Auswertungsphase und Entscheidungsphase (Bortz 1999).

In diesem Kapitel als auch in den weiteren des vorliegenden Bandes wird auf einige Aspekte der Planungsphase eingegangen. Vorher ist es jedoch wichtig, sich mit dem Aufstellen von Hypothesen zu beschäftigen.

1.2 Hypothesen

Wie wir im vorherigen ▶ Abschn. 1.1 gesehen haben, spielt in der empirischen Forschung das Aufstellen und Testen von Hypothesen eine besondere Rolle. Hypothesen begegnen uns bereits in der theoretischen Phase unserer empirischen Forschung und dann weiter in der Planungsphase, Auswertungsphase und Entscheidungsphase (vgl. ◻ Tab. 1.1).

Nachfolgend soll auf einige Aspekte besonders eingegangen werden. Die Arbeitsschritte sind in etwa denen der allgemeinen empirischen Forschung analog und wurden speziell für Bachelorstudenten sozialwissenschaftlicher Studienfächer von Hartmann und Lois (2015) folgendermaßen formuliert: Interesse (Thema des Studienprojektes, der Abschlussarbeit oder der Praktikumsarbeit), Forschungsfrage, Hypothesen, Forschungsdesign, Stichprobenziehung, Datenerhebung, Datenaufbereitung, Hypothesentest, Beantwortung der Forschungsfrage und Report.

◻ Tab. 1.1 Phasen der empirischen Forschung. (Bortz 1999)

Phase	Themenübersicht
Erkundungsphase	Literaturrecherche, Einbeziehung bzw. Verarbeitung von Erfahrungen und Beobachtungen durch Induktion, Über-prüfung von Einsichten durch Deduktion
Theoretische Phase	Formulierung einer Theorie und Über-legungen zu ihrer Überprüfung, Ableitung einer oder mehrerer Hypothesen durch Deduktion, die logischer Konsistenz genügen und empirisch überprüfbar sind
Planungsphase	Planung der empirischen Untersuchung, Ent-scheidung für Labor- oder Felduntersuchung, quasiexperimentelle oder experimentelle Untersuchung, Randomisierung, Festlegung der Art und des Umfangs der Stichprobe, Festlegung der abhängigen Variablen (Zielgrößen) und unabhängigen Variablen (Einflussgrößen), Operationalisierung dieser Variablen (Beachtung von eventuellen Messfehlern), zeitlicher Ablauf der Unter-suchungen, Bedarf an Materialen, Raum und Personal, Planung der statistischen Aus-wertung, Festlegung des Signifikanzniveaus
Untersuchungsphase	Durchführung der Untersuchung mit der zugehörigen Datenerhebung
Auswertungsphase	Datenaufbereitung und -darstellung, Ent-scheidung über die Brauchbarkeit der Daten unter Berücksichtigung der Objektivität (z. B. möglicher Einfluss des Versuchsleiters) und Reliabilität (Wiederholbarkeit), statistische Auswertung, Signifikanztest
Entscheidungsphase	Auf der Basis der ermittelten Irrtumswahr-scheinlichkeit (kleiner/gleich oder größer als das Signifikanzniveau) kann die oder können die Hypothesen bestätigt bzw. widerlegt werden

Nachdem man zum Thema der Arbeit eine Literatur-recherche erstellt hat, muss das Forschungsdefizit heraus-gearbeitet werden. Daraus ist die (der Einfachheit bleiben wir nachfolgend bei einer) Forschungsfrage abzuleiten und die Hypothesen zu formulieren. Dabei ist zu berücksichtigen, dass die meist verwendeten Verfahren der Datenerhebung sich nur auf eine Teilmenge (Stichprobe) der insgesamt betrachteten Personen (Grundgesamtheit) beziehen. Wie in der ◻ Abb. 1.1 dargestellt, wird aus der Grundgesamtheit durch deduktives Schließen auf die speziellen Zusammenhänge, die die Stichprobe betreffen, geschlossen. Diese speziellen Zusammenhänge werden

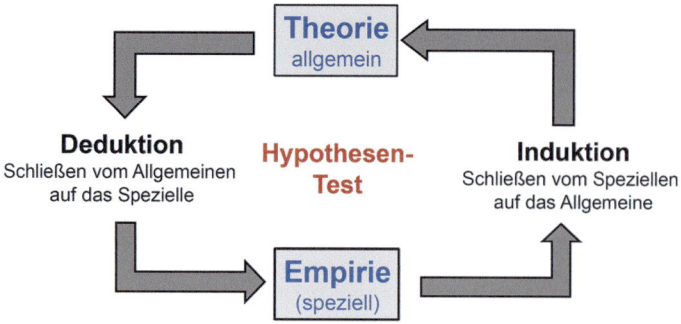

■ **Abb. 1.1**   Vorgehen beim Hypothesentest

empirisch überprüft und daraus auf die Gesamtheit geschlossen (Induktion). Die hierfür notwendigen Verfahren kommen aus der Inferenzstatistik (auch schließende Statistik genannt).

■ **Hypothesen**

In der empirischen Forschung ist es üblich, für die Forschungsfragen entsprechende Hypothesen aufzustellen. Hypothesen sind Annahmen über die Grundgesamtheit, die sich aus bisherigen Theorien bzw. Untersuchungen, aber auch aus eigenen Überlegungen ergeben. Sie müssen logisch, in sich widerspruchsfrei und empirisch überprüfbar sein. Dabei erfolgt die Überprüfung durch Falsifizierung (Widerlegung), indem methodisch so vorgegangen wird, dass nicht die Gültigkeit, sondern die Ungültigkeit (also die Gültigkeit des Gegenteils) nachgewiesen wird. Dies ist darin begründet, dass sich die Hypothese oft nur auf eine Stichprobe bezieht, also vielmals nicht mit absoluter Sicherheit eine Aussage auf die Gesamtgültigkeit geben kann. Wenn jedoch für eine Stichprobe die Nichtgültigkeit gezeigt werden kann, bedeutet dies auch die Nichtgültigkeit für die Grundgesamtheit. Generell unterscheidet man folgende Hypothesen (vgl. ■ Tab. 1.2).

Die Erklärungen bzw. Beispiele in der ■ Tab. 1.2 sind als Alternativhypothesen formuliert. Davon abhängig wird die sogenannte Nullhypothese (H_0) definiert, die besagt, dass der in der Alternativhypothese (H_1) angenommene Zusammenhang nicht zutrifft. Damit ergeben sich für die Beispiele in ■ Tab. 1.2 die folgenden Nullhypothesen:

– H_0: Gruppe 1 (Mädchen) unterscheidet sich in Bezug auf ihre zyklische Schnelligkeit nicht von Gruppe 2 (Jungen).
– H_0: Durch ein Gleichgewichtstraining kann das Sturzrisiko älterer Personen nicht gesenkt werden.
– H_0: Es besteht kein Zusammenhang zwischen Maximalkraftfähigkeit und Schnellkraftfähigkeit.

Hypothesenart	Erklärung	Beispiel für Alternativhypothese (H1)
Unterschiedshypo-these	Unterschied zwi-schen verschiedenen Stichproben in Bezug auf eine abhängige Variable	Gruppe 1 (Mädchen) unterscheidet sich in Bezug auf ihre zykli-sche Schnelligkeit zur Gruppe 2 (Jungen)
Veränderungs-hypothese	Eine unabhängige Variable beeinflusst über die Zeit eine andere (abhängige) Variable	Durch ein Gleich-gewichtstraining kann das Sturzrisiko älterer Personen gesenkt werden
Zusammenhangs-hypothese	Bestehen eines Zusammenhanges zwischen zwei oder mehreren Variablen	Es besteht ein Zusammenhang zwischen Maximal-kraftfähigkeit und Schnellkraftfähigkeit

◼ Tab. 1.2   Arten von Hypothesen

▪ **Stichprobenziehung**

Da sich die zu überprüfenden wissenschaftlichen Hypothesen immer auf die Grundgesamtheit (Population) beziehen, muss diese eindeutig definiert werden. Entsprechend wird daraus möglichst zufällig (also randomisiert) die Stichprobe gezogen. Doch wie groß sollte der Stichprobenumfang sein? Generell ist festzustellen, dass größere Stichproben zu sichereren Aussagen führen als kleinere. Aber auch hier ist Vorsicht geboten, wie wir in den nachfolgenden Kapiteln noch sehen werden. Unter praktischem Gesichtspunkt wird der Stichprobenumfang beein-flusst von Ressourcen und Zeit, der Heterogenität der Popula-tion und dem Wert der gewünschten Information. Erfahrungen lassen sich aus ähnlichen Studien, die vielleicht schon publiziert sind, sammeln. Optimale Stichprobenumfänge ermöglichen bei gegebenen Fehlertoleranzen und Effektstärken eine eindeutige Entscheidung für oder gegen die aufgestellte Hypothese. Für forschungsmethodisch saubere Studien werden vorherige Berechnungen (z. B. Software G*Power-Analyse) empfohlen.

Auf detaillierte Erläuterungen der einzelnen Schritte für den Hypothesentest wird in den nachfolgenden Kapiteln ent-sprechend der verwendeten Verfahren eingegangen.

Abschließend kann nun die Forschungsfrage beantwortet werden, da man statistisch gesichert die Hypothese belegt bzw. widerlegt hat. Im weiteren Schritt ist es üblich, zu der Studie einen Bericht (Report) anzufertigen, der alle wichtigen Infor-mationen enthält.

1

1.3 Wichtige Aspekte der Planungsphase

Einen Schwerpunkt der Planungsphase stellt die Planung der Datenerhebung dar. Wenn die Daten selbst gewonnen werden, spricht man von einer Primärerhebung. Nutzt man bereits erhobene Daten (bspw. aus einer anderen Datenerhebung), handelt es sich um eine Sekundärerhebung. Eine Tertiärerhebung liegt dagegen vor, wenn die verwendeten Informationen aus anderen Statistiken resultieren (Mittag 2014).

Die Primärerhebungen können entsprechend der Art der Datengewinnung eingeteilt werden. Während in der sozialwissenschaftlichen Forschung die Befragung eine wichtige Rolle spielt, kommt in den Wirtschaftswissenschaften die Beobachtung zum Einsatz. In den naturwissenschaftlich-technischen Fachrichtungen werden dagegen in der Regel Experimente eingesetzt. Hierbei werden kausale Zusammenhänge untersucht, wobei Einflussfaktoren (unabhängige Variable) unter Laborbedingungen systematisch variiert werden und der Effekt auf die Zielgröße (abhängige Variable) gemessen wird. Bei der Planung der Untersuchung kommt es darauf an, dass Störvariable ausgeschaltet werden. Von grundlegender Bedeutung bei Experimenten und Untersuchungen mit experimentellem Charakter ist die Quantifizierung (Operationalisierung) der Variablen. Bei psychologischen Experimenten, die sich mit der Ausprägung von individuellen Personenmerkmalen beschäftigen, kann dies durchaus zu Problemen führen. Um den tatsächlichen Einfluss einer Variablen identifizieren zu können, werden oft in psychologischen, medizinischen, aber auch sportwissenschaftlichen Studien zusätzlich zur eigentlichen Versuchs-, Experimental- oder Interventionsgruppe auch eine Kontrollgruppe, auf die der Einflussfaktor (z. B. eine Intervention) nicht wirkt, in das Untersuchungsdesign integriert.

Weiterhin unterscheidet man zwischen Querschnittstudien und Längsschnittstudien. Bei Querschnittstudien werden alle Merkmale zu einem festen Zeitpunkt gemessen. Bei Längsschnittstudien erfolgen mehrere Untersuchungen nach bestimmten Zeitabständen.

In der Regel kann keine vollständige Erhebung der Merkmale aller Elemente der Grundgesamtheit erfolgen. Deshalb muss eine Stichprobe „gezogen" werden, die wiederum eine Teilmenge der Grundgesamtheit darstellt und damit die gleichen Merkmale besitzen muss wie die Grundgesamtheit. Alle empirischen Untersuchungen beziehen sich dann auf die Stichprobe. Sowohl die Grundgesamtheit als auch die Stichprobe können mit Methoden der deskriptiven Statistik beschrieben werden (vgl. ◘ Abb. 1.2).

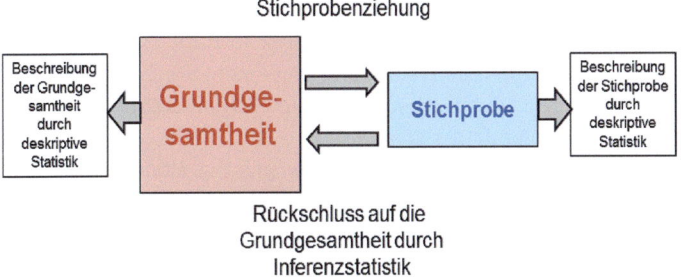

Abb. 1.2 Grundgesamtheit und Stichprobe

1.4 Datenaufbereitung in der Auswertungsphase

Bevor die Daten analysiert werden können, müssen sie aufbereitet werden, da sie meist noch in einer relativ unübersichtlichen Form vorliegen. Im ersten Schritt sind die Daten zu kontrollieren. Dazu gehört die Prüfung auf Vollständigkeit (bspw. vollständiges Ausfüllen der Fragebögen) und Plausibilität bzw. Glaubwürdigkeit, wobei evtl. Ausreißer bzw. fehlerhafte Daten zu entfernen sind. Hierbei ist besondere Vorsicht bei der Entscheidung geboten, ob es sich tatsächlich um einen fehlerhaften Wert handelt. Falls Daten fehlen bzw. fehlerhaft sind, sollte eine Nacherhebung in Erwägung gezogen werden.

Ein weiterer Schritt ist bei vielen Erhebungen das Auszählen der Daten. Oft liegen die Daten als Urwerte in Form einer zeitlichen Aufeinanderfolge von Daten oder Strichlisten vor. Aus diesen Urlisten oder Strichlisten sind die Merkmalswerte (möglichst tabellarisch) zu erstellen. Eventuell sind auch Häufigkeitsdarstellungen und erste Diagramme sinnvoll, um sich einen Überblick über die Verteilung der Daten und mögliche Zusammenhänge zu verschaffen (Bourier 2012).

1.5 Hinweise zur Bearbeitung von Aufgaben aus dem Band 2

An dieser Stelle sollen spezielle Hinweise zur Bearbeitung des Themas 1 im Kap. 5 (Motorik im Alter) im Band 2 gegeben werden.

- **Thema 1: Erstellung eines Studiendesigns zur Untersuchung der motorischen Entwicklung körperlich aktiver und inaktiver älterer Personen im Längsschnitt**

Gehen Sie dabei in den oben erwähnten Schritten (vgl. Tab. 1.1) vor.

1

1. Erkundungsphase

Informieren Sie sich über die motorische Entwicklung körperlich aktiver und inaktiver älterer Personen. Recherchieren Sie insbesondere Studien, die sich mit dieser Thematik beschäftigen. Spezielle Problemfelder sollten sein:

- Wie werden körperlich aktive bzw. inaktive ältere Erwachsene definiert?
- In welchen Bereichen (physisch, kognitiv, …) unterscheiden sie sich falls nachgewiesen?
- Welche Merkmale wurden für eine Operationalisierung herangezogen?
- Gibt es Veränderungen dieser Merkmale im Längsschnitt? Über welche Zeiträume sind die Studien angelegt?
- Wie wurde in diesen Studien vorgegangen?
- Welches Forschungsdefizit gibt es?

2. Theoretische Phase

Stellen Sie ein bis zwei Hypothesen in Bezug auf das Forschungsdefizit auf. Beachten Sie dabei, dass diese empirisch überprüfbar sein müssen. Charakterisieren Sie die Probandengruppe.

3. Planungsphase

Beachten Sie bei der Planung folgende Aspekte:

- 2 Probandengruppen, die sich nicht hinsichtlich Alter und Geschlechtsverteilung oder auch anderer Merkmale unterscheiden
- Festlegung der körperlichen Aktivität der Gruppe. Wie ist diese zu quantifizieren?
- Definition von Ein- und Ausschlusskriterien (z. B. Krankheiten, körperliche Beeinträchtigungen, …)
- Abschätzen des Probandenumfangs je Gruppe (entsprechende Verfahren werden in den nachfolgenden Kapiteln vorgestellt)
- Welche Größen sind zu untersuchen (Beachtung von abhängigen und unabhängigen Merkmalen)
- Räumliche und zeitliche Organisation der Untersuchungen
- Besorgen von Untersuchungs- und Testmaterialien, Anzahl der Untersucher, Zeit für die Untersuchungen, Zeitplan
- Auswertung der Daten, statistische Verfahren (z. B. Trendstudien, ANOVA mit Messwiederholung)

Literatur

Bortz, J. (1999). *Statistik für Sozialwissenschaftler*. Berlin: Springer.
Bourier, G. (2012). *Beschreibende Statistik. Praxisorientierte Einführung. Mit Aufgaben und Lösungen* (10. aktualisierte Aufl.). Wiesbaden: Springer Fachmedien.

Hartmann, F. G., & Lois, D. (2015). *Hypothesen testen. Eine Einführung für Bachelorstudierende sozialwissenschaftlicher Fächer.* Wiesbaden: Springer Fachmedien.

Mittag, H.-J. (2014). *Statistik. Eine Einführung mit interaktiven Elementen.* Berlin: Springer-Verlag.

Deskriptive Statistik

2.1   Statistische Grundbegriffe – 12

2.2   Skalierung eines Merkmals – 13

2.3   Häufigkeitsverteilung eines Merkmals – 14

2.4   Maße der zentralen Tendenz – 16

2.5   Streuungsmaße – 17

2.6   z-Transformation – 20

2.7   Aufgaben zur Vertiefung – 21

2.8   Hinweise zur Bearbeitung von Aufgaben aus dem Band 2 – 22

Literatur – 23

© Springer-Verlag GmbH Deutschland, ein Teil von Springer Nature 2019
K. Witte, *Angewandte Statistik in der Bewegungswissenschaft (Band 3)*,
https://doi.org/10.1007/978-3-662-58360-9_2

2

Wichtig für die statistische Auswertung empirischer Untersuchungen sind beschreibende (deskriptive) Verfahren. Nachdem die Urdaten tabellarisch geordnet sind, werden Mittelwerte und Streuungen der Daten berechnet. „Ausreißer" können mit Hilfe von Perzentilen bestimmt werden. Boxplots dienen zur einfachen Darstellung der statistischen Daten. Das Gelernte kann mit selbst erfassten Daten vertieft werden. Außerdem werden Hinweise zur statistischen Analyse ausgewählter Untersuchungen aus dem Band 2 gegeben.

2.1 Statistische Grundbegriffe

Wie im vorigen ► Kap. 1 dargestellt, lassen sich sowohl die Grundgesamtheit als auch die Stichprobe mit der deskriptiven Statistik charakterisieren. Zur Grundgesamtheit gehören dabei alle betrachteten Merkmalsträger. Vor Beginn einer Studie sind eindeutig die Einschluss- und Ausschlusskriterien in Bezug auf die Grundgesamtheit festzulegen. Diese Kriterien können sich bspw. auf Alter, Geschlecht, Trainingshäufigkeit, Wohnort, Sportart usw. beziehen. Oft werden als Ausschlusskriterien bestimmte körperliche Einschränkungen oder Krankheiten verwendet.

Deskriptiv wird in der Regel jedoch die Stichprobe untersucht. Die beobachteten Daten werden in Tabellen systematisiert. Hierfür sind einige Grundbegriffe zu definieren (s. ◼ Abb. 2.1) (Hornsteiner 2012; Kuckartz et al. 2013).

Zunächst fällt auf, dass die untersuchten Personen als Probanden bezeichnet und bspw. mit den Großbuchstaben anonymisiert werden (s. ◼ Abb. 2.1). Sie sind die Objekte oder auch Merkmalsträger. Für die einzelnen Merkmale, die beobachtet bzw. gemessen werden, wird auch das Synonym Variable verwendet. Die Merkmale können Ausprägungen besitzen, die meist im Tabellenkopf erklärt werden, oder Werte (Merkmalswerte, Beobachtungswerte) annehmen. Generell lassen sich Merkmale folgendermaßen systematisieren (Bourier 2012):

- Qualitative Merkmale (z. B. Beruf, Familienstand) und quantitative Merkmale (z. B. Alter, Maximalkraft)
- Diskrete Merkmale (=abzählbar, z. B. Anzahl der vorhandenen Sportgeräte im Haushalt) und stetige Merkmale (Körpergröße, Körpermasse)
- Häufbare Merkmale (wenn der Merkmalsträger mehr als einen Merkmalswert annehmen kann, z. B. bei Mehrfachnennungen in Fragebögen) und nicht-häufbare Merkmale.

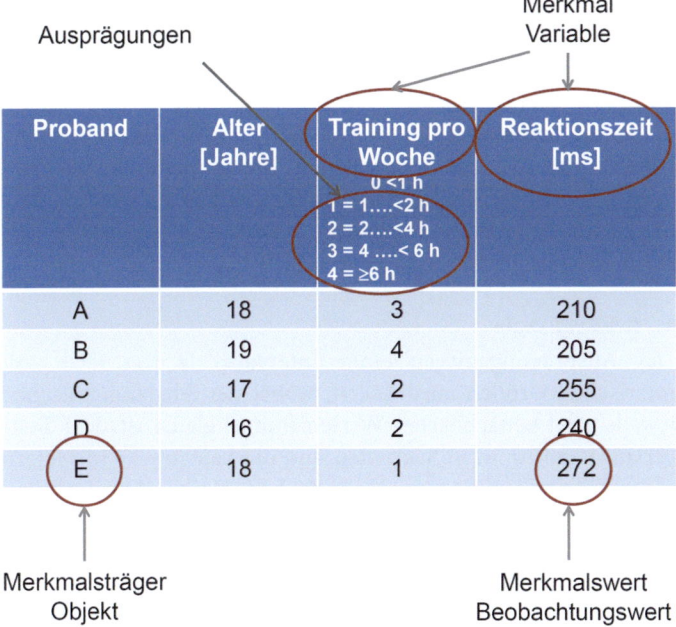

Abb. 2.1 Begriffsdefinitionen für Daten (mod. nach Hornsteiner 2012)

2.2 Skalierung eines Merkmals

Für jedes Merkmal gibt es Messvorschriften und damit auch Messskalen. Von der Art der Messskala hängt auch oft das zu verwendende statistische Verfahren ab. Man unterscheidet zwischen Nominalskala, Ordinalskala und Intervallskala sowie gelegentlich auch Verhältnisskala, wobei Intervallskala und Verhältnisskala metrische Skalen sind (siehe auch Rasch et al. 2014).

▪ Nominalskala

Mit Hilfe der Nominalskala werden den Objekten Zahlen oder Codierungen zugeordnet, mit denen Gleichartigkeit und Ungleichartigkeit der Objekte hinsichtlich eines Merkmals ausgedrückt werden können. Die Wertigkeit aller Ausprägungen ist jedoch gleich. Für diese Zahlen bzw. Codierungen machen rechentechnische Operationen keinen Sinn, da es kein „größer als" oder „kleiner als" gibt, sondern nur „gleich" oder „ungleich". So hat bspw. das Merkmal Geschlecht die Merkmalswerte männlich oder weiblich oder das Merkmal Familienstand die Merkmale ledig, verheiratet, eingetragene Lebenspartnerschaft, verwitwet oder geschieden.

2

- ▪ **Ordinalskala**

Ordinalskalen werden auch als Rangskalen bezeichnet. Sie enthalten Zahlen, deren Größe mit der Ausprägung des Merkmals korreliert. Dem Merkmalsträger werden Klassen zugeordnet, die einer Rangordnung folgen. Ein einfaches Beispiel sind Noten: ausgezeichnet, sehr gut, gut, befriedigend, ausreichend oder ungenügend. Es kann eindeutig entschieden werden, dass die Benotung einer Leistung mit „ausreichend" schlechter einzuschätzen ist als mit „befriedigend".

- ▪ **Intervallskala**

Das Ausprägungsniveau einer Intervallskala lässt sich mit metrischen Größen ausdrücken, wobei der Abstand zwischen jeweils zwei benachbarten Werten immer gleich ist. Der Zeitverlauf kann bspw. in Sekunden und die Laufstrecke in Metern gemessen werden. Es muss kein absoluter Nullpunkt existieren.

- ▪ **Verhältnisskala**

Eine Verhältnisskala wird verwendet, wenn man Relationen eines Wertes (einer Zahl) zu einem anderen Wert (einer anderen Zahl) ausdrücken möchte. Ein Beispiel wäre die relative Maximalkraft, die das Verhältnis der Maximalkraft zur Gewichtskraft angibt.

2.3 Häufigkeitsverteilung eines Merkmals

Wie im ▶ Abschn. 1.3 bereits erwähnt, ist es sinnvoll, vor der Datenanalyse im Zuge der Datenaufbereitung die Urlisten bzw. Messreihen so aufzuarbeiten, dass man sich einen Überblick über die Verteilung der Daten machen kann. Häufigkeitsverteilungen zeigen, wie oft eine Merkmalsausprägung vorkommt. Eine grafische bzw. tabellarische Darstellung ist auch mit einer kumulierten Häufigkeitsverteilung, einer Prozentwertverteilung und/oder einer kumulierte Prozentwertverteilung möglich (Bortz 1999). Hierzu werden Kategorien (oder auch Intervalle) gebildet. Daraus entsteht die Frage, wie groß die Intervallbreite sein soll. Dies ist von der inhaltlichen Fragestellung abhängig. Generell sollte eine zu breite Kategorie vermieden werden, da sie die Differenzierung bspw. zwischen den Leistungen erschwert. Wird dagegen die Kategorie zu schmal gewählt, kann durch zufällige Irregularitäten die Verteilungsform eventuell nicht eindeutig erkannt werden. Hinweise zur Bestimmung der Anzahl und Breite der Kategorien sind bei Bortz (1999) zu finden.

Während die absolute Häufigkeit die Anzahl der Merkmalsträger einer bestimmten Kategorie bezeichnet, können auch relative Häufigkeiten (Verhältnis zur Gesamtanzahl der

Merkmalsträger) bzw. prozentuale Häufigkeiten (alle Merkmalsträger werden auf 100 % gesetzt) bestimmt werden. Zur Darstellung werden im Allgemeinen Säulendiagramme verwendet. Die ◘ Abb. 2.2 veranschaulicht dies an einem einfachen konstruierten Beispiel. Weitere grafische Darstellungsformen sind bspw. bei Fahrmeir et al. (2016) zu finden.

In diesem Beispiel (◘ Abb. 2.2) gibt es insgesamt 36 Merkmalsträger. Daraus lassen sich nun die relativen, prozentualen und kumulierten (Summen-)Häufigkeiten berechnen (vgl. ◘ Tab. 2.1).

Die Gestalt der Verteilung kann sehr unterschiedlich sein. Eine besondere Stellung nehmen symmetrische Verteilungen ein, auf die wir später noch eingehen werden.

Kategorie / Intervall	1	2	3	4	5	6	7
Abs. Häufigkeit f	2	8	5	2	6	5	8

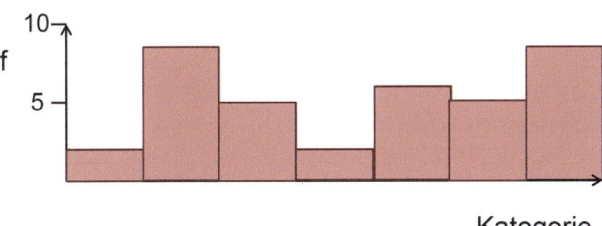

◘ **Abb. 2.2** Darstellung der absoluten Häufigkeit in einer Tabelle und in einem Säulendiagramm

◘ **Tab. 2.1** Berechnete Häufigkeiten zum Beispiel in ◘ Abb. 2.2

Kategorie/ Intervall i	Abs. Häufigkeit f_i	Relative Häufigkeit $f_{ir} = f_i/36$	Relative kumulierte Häufigkeit S_{ir}	Prozentuale Häufigkeit $f_{i\%} = f_{ir} \cdot 100$	Prozentuale kumulierte Häufigkeit $S_{i\%}$
1	2	0,055	0,055	5,55	5,55
2	8	0,222	0,277	22,2	27,75
3	5	0,139	0,416	13,9	41,65
4	2	0,055	0,471	5,55	47,2
5	6	0,167	0,638	16,7	63,9
6	5	0,139	0,777	13,9	77,8
7	8	0,222	1,000	22,2	100

2

2.4 Maße der zentralen Tendenz

Es stellt sich nun die Frage, mit welchen Werten eine Verteilung charakterisiert werden kann. Dies ist nicht einfach zu beantworten. Jedoch gibt es bei Betrachtung der Verteilung im Ganzen folgende statistische Kennwerte, die die Verteilung repräsentieren (z. B. Bortz 1999; Fahrmeir et al. 2016):

— Maße der zentralen Tendenz und
— Streuungsmaße.

Maße der zentralen Tendenz sind unterschiedlich berechnete Mittelungen über alle Werte. Je nach Anwendung sollte das entsprechende Maß der zentralen Tendenz der Verteilung gewählt werden.

▪ Arithmetisches Mittel

Das arithmetische Mittel (AM) ist am gebräuchlichsten und wird auch im Ergebnis vieler statistischer Verfahren zusammen mit der Standardabweichung angegeben. Das arithmetische Mittel ($\bar{x}$) wird als Quotient der Summe aller Daten (x_i) und der Anzahl der Merkmalsträger (n) definiert:

$$\text{AM} = \bar{x} = \frac{\sum_{i=1}^{n} x_i}{n} \tag{2.1}$$

Voraussetzung für die Berechnung des arithmetischen Mittels sind die metrischen Daten (x_i).

▪ Medianwert

Der Medianwert wird auch Zentralwert genannt und kann auch für ordinalskalierte Daten verwendet werden. Der Medianwert (Md) halbiert die Häufigkeitsverteilung und ist damit der Wert, von dem alle anderen Daten so abweichen, dass die Summe der Absolutbeträge der Abweichungen ein Minimum ergibt.

Für die Bestimmung sind die Daten aufsteigend zu ordnen. Dann bestimmt sich der Median für eine ungerade Anzahl (n) von Daten zu:

$$\text{Md} = x_{\frac{n+1}{2}} \tag{2.2}$$

und für gerade n zu:

$$\text{Md} = \frac{1}{2}\left(x_{\frac{n}{2}} + x_{\frac{n}{2}+1}\right). \tag{2.3}$$

▪ Modalwert

Der Modalwert (Mo) ist derjenige Wert, der bei der Verteilung am häufigsten vorkommt. Es kann aber auch der Fall eintreten, dass manche Häufigkeiten zweimal vorkommen. Im Beispiel

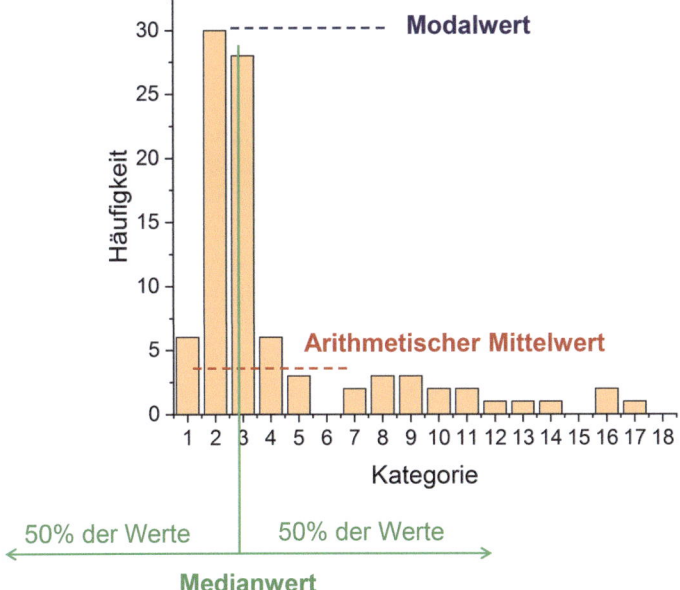

◘ Abb. 2.3 Darstellung der Maße der zentralen Tendenz für eine linkssteile Verteilung

der ◘ Tab. 2.1 würde dies für die Kategorien 2 und 7 sowie für die Kategorien 1 und 4 zutreffen. Man nennt derartige Verteilungen bimodale Verteilungen.

Die ◘ Abb. 2.3 veranschaulicht die Lage der drei Maße der zentralen Tendenz für eine linkssteile Verteilung. Würde die Verteilung vollkommen symmetrisch sein, fallen arithmetischer Mittelwert, Modalwert und Medianwert zusammen.

2.5 Streuungsmaße

Haben zwei Verteilungen ähnliche oder sogar gleiche Werte der zentralen Tendenz, können sie in ihrer Form dennoch stark voneinander abweichen. Diese Abweichungen werden mit sogenannten Streuungsmaßen oder auch Dispersionsmaßen erfasst. Dispersionsmaße können sein:
– Variationsbreite und Perzentile,
– AD-Streuung,
– Varianz und Standardabweichung sowie
– Variationskoeffizient.

Variationsbreite, Perzentile und Quartile

Das einfachste Streuungsmaß ist die Variationsbreite oder auch Range genannt. Die Variationsbreite ist die Differenz aus dem Maximum und dem Minimum und enthält somit alle Werte.

2

Um Extremwerte auszuschließen, macht es in der empirischen Forschung Sinn, nur einen eingeschränkten Streubereich zu betrachten. Dieser könnte bspw. 90 % betragen. Das würde bedeuten, dass die unteren 5 % (5. Perzentil) und die oberen 5 % (95. Perzentil) der Werte nicht betrachtet werden, also die Verteilung links und rechts abgeschnitten ist, wenn die 90 % im mittleren Bereich liegen. Demnach wäre das 50. Perzentil der Medianwert.

Häufig werden bei grafischen Darstellungen, wie den Boxplots, auch Quartile verwendet. Sie teilen die Daten in vier gleich große Viertel. So befinden sich im 1. Quartil 25 %, im 2. Quartil 50 %, im 3. Quartil 75 % und im 4. Quartil 100 % der Daten. Damit ist das 2. Quartil mit dem Median gleichzusetzen. Die Einteilung in Quartile ist aber erst sinnvoll, wenn die Stichprobengröße mindestens $n = 20$ beträgt.

- **AD-Streuung**

Mehr Information über die Streubreite als die Variationsbreite liefert die AD-Streuung. Dabei steht AD als Abkürzung für „average deviation". Die AD-Streuung gibt den Durchschnitt der absoluten Beträge der Abweichungen aller Messwerte (x_i) vom arithmetischen Mittelwert ($\bar{x}$) an:

$$AD = \frac{\sum_{i=1}^{n} (|x_i - \bar{x}|)}{n} \tag{2.4}$$

- **Varianz und Standardabweichung**

Das häufigste Maß zur Kennzeichnung der Streuung von intervallskalierten Merkmalen ist die Standardabweichung s bzw. auch die Varianz s^2. Die Varianz wird definiert als Quotient aus der Summe der quadrierten Abweichungen aller Werte vom arithmetischen Mittelwert und der Anzahl der Werte (n):

$$s^2 = \frac{\sum_{i=1}^{n} (x_i - \bar{x})^2}{n} \tag{2.5}$$

Auf Grund der Quadrierung hat die Varianz eine andere Einheit als die Einzelwerte bzw. das arithmetische Mittel. Um dies zu vermeiden, wird aus der Varianz die Wurzel gezogen. Somit erhält man die Standardabweichung:

$$s = \sqrt{s^2} = \sqrt{\frac{\sum_{i=1}^{n} (x_i - \bar{x})^2}{n}} \tag{2.6}$$

Die Bedeutung der Standardabweichung ist für viele statistische Verfahren sehr hoch, insbesondere wenn eine Normalverteilung vorliegt. Eine Verteilung heißt Normalverteilung, wenn sie unimodal und symmetrisch ist und die geometrische Form einer Glocke hat. Addiert bzw. subtrahiert man vom arithmetischen Mittel die Standardabweichung, liegen 2/3 (ca. 68 %) aller Werte in diesem Bereich. Addiert bzw. subtrahiert man dagegen das Zweifache der Standardabweichung, befinden sich 95,5 % aller Werte in diesem Bereich (s. ◘ Abb. 2.4).

- **Variationskoeffizient**

Der Variationskoeffizient (V) wird oft dann eingesetzt, wenn man die Variabilität bspw. zweier Bewegungen miteinander vergleichen möchte. Er relativiert die Standardabweichung am Mittelwert:

$$V = \frac{S}{\bar{x}} \tag{2.7}$$

- **Boxplots**

Für den Vergleich zwischen Verteilungen unterschiedlicher Variablen oder Variablen aus unterschiedlichen Grundgesamtheiten können sogenannte Boxplots einen guten visuellen Eindruck geben. Boxplots werden bspw. mit SPSS erstellt und enthalten, wie es die ◘ Abb. 2.5 demonstriert, folgende Angaben: Quartile, Range, arithmetisches Mittel und

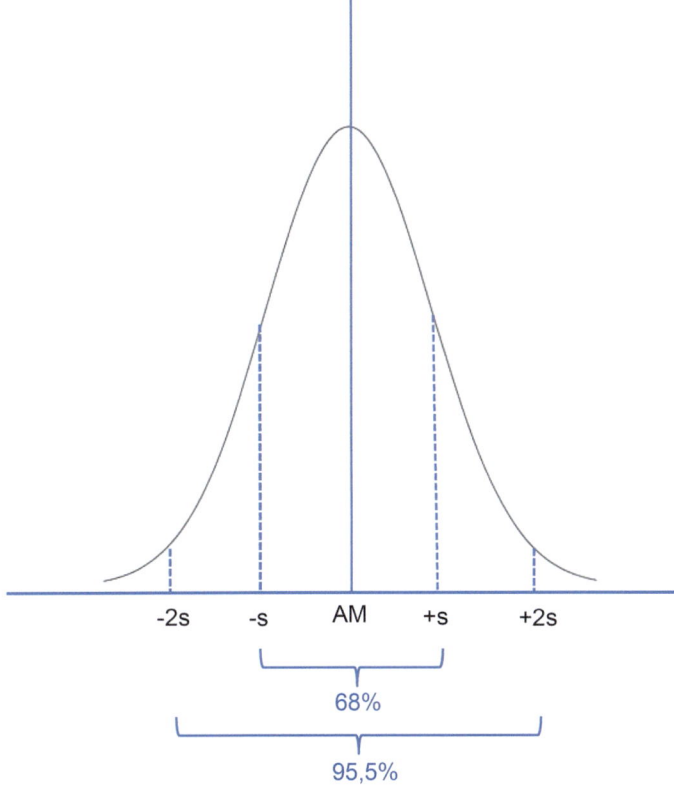

◘ **Abb. 2.4**   Streuungsbereiche einer Normalverteilung

2

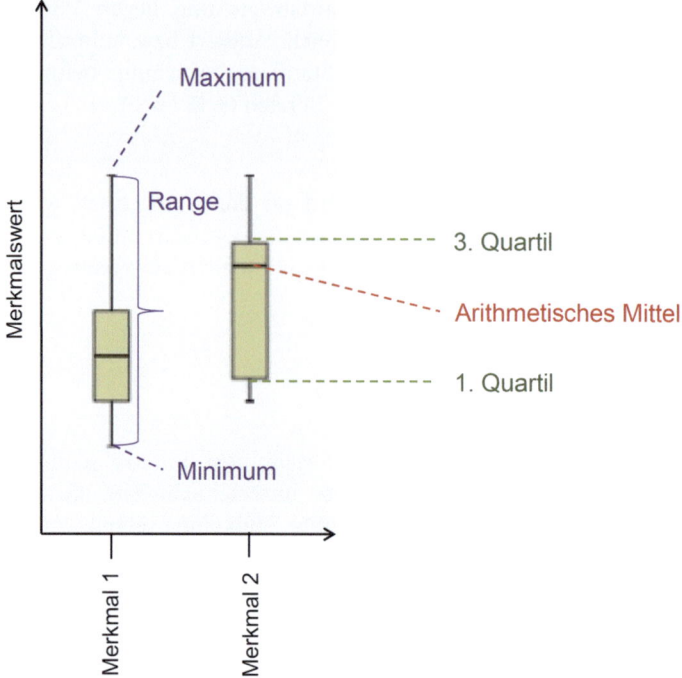

⬛ Abb. 2.5   Boxplot mit Erklärungen (bezieht sich auf bereits fehler-
korrigierte Daten)

Fehlerdaten (Ausreißer). Durch die große Informationsdichte
von Boxplots kann man sich schnell einen Überblick über Lage
und Streuung der Daten verschaffen.

2.6 z-Transformation

Oft stellt der Vergleich zweier Personen hinsichtlich eines Merkmals X eine besondere Herausforderung dar, wenn die Personen
verschiedenen Grundgesamtheiten angehören. Beispielsweise
kann die sportliche Leistung zweier Personen unterschiedlichen
Alters nicht unbedingt miteinander verglichen werden. Deshalb erfolgt eine Relativierung jedes Wertes zum arithmetischen
Mittel der jeweiligen Grundgesamtheit (oder Stichprobe). Somit
erhält man den z-Wert zu:

$$z_i = \frac{x_i - \bar{x}}{s}. \text{ mit } i = 1, \ldots, N$$

(2.8)

$$(N - \text{Anzahl der Daten für die Variable X})$$

Eine Verteilung von z-transformierten Daten hat das arithmetische Mittel von „0" und eine Varianz bzw. Standardabweichung
von „1".

2.7 Aufgaben zur Vertiefung

Für die nachfolgenden Aufgaben ist zunächst eine Bearbeitung per Hand auf Papier und Taschenrechner zum besseren inhaltlichen Verständnis zu empfehlen. Erst danach sollten Sie eine für Sie mögliche Statistik-Software (bspw. SPSS, ORIGIN oder Open-Source-Varianten) nutzen, die Sie auch im weiteren Verlauf Ihres Studiums verwenden werden.

■ Aufgabe 1

Erheben Sie von Ihren Kommilitonen Alter, Körpergröße, Körpermasse und spezialisierte Sportart!
a) Protokollieren Sie diese Daten in einer Tabelle.
b) Überlegen Sie, ob für die intervallskalierten Daten eine Intervallbildung sinnvoll ist. Definieren Sie ggf. Anzahl der Intervalle und Intervallbreite. Nutzen Sie hierfür eine zweite Tabelle.
c) Ermitteln Sie absolute, relative, prozentuale und kumulative Häufigkeiten und erweitern Sie Ihre Tabelle durch die entsprechenden Spalten.
d) Stellen Sie für alle Variablen Häufigkeitsdiagramme dar!

■ Aufgabe 2

Nutzen Sie das Datenmaterial aus Aufgabe 1.
a) Berechnen Sie für die metrischen Daten das arithmetische Mittel, Medianwert und Modalwert!
b) Ermitteln Sie Variationsbreite, AD-Streuung, Varianz und Standardabweichung!
c) Kennzeichnen Sie diese Kenngrößen in den Häufigkeitsdiagrammen (Aufgabe 1d).
d) Welche Daten würden Sie ausschließen, wenn Sie nur die mittleren 90 % der Gesamtdaten betrachten?

■ Aufgabe 3

In den Aufgaben 1 und 2 haben wir Frauen und Männer gemeinsam betrachtet. Es ist jedoch davon auszugehen, dass hinsichtlich der Körpermaße Frauen und Männer unterschiedlich sind. Teilen Sie deshalb Ihre Probanden in diese beiden Gruppen auf. Dabei sollte jede Gruppe mind. 20 bis 25 Probanden enthalten. Eventuell müssen Sie weitere Studierende in Ihre kleine Studie mit einbeziehen.

a) Bestimmen Sie die Maße der zentralen Tendenz und Streuungsmaße für beide Probandengruppen und vergleichen Sie! Wie sehen die entsprechenden Boxplots aus?
b) Stellen Sie getrennte Häufigkeitsdiagramme dar!
c) Nehmen Sie für beide Geschlechter eine z-Transformation vor! Was können Sie jetzt über das 5. und 95. Perzentil sagen? Diskutieren Sie Ihre Ergebnisse!

2

2.8 Hinweise zur Bearbeitung von Aufgaben aus dem Band 2

- **Kap. 1/Untersuchung 1: Bestimmung der Gleichgewichtsfähigkeit mit einer Kraftmessplatte**
  - Nutzen Sie die Methoden der deskriptiven Statistik, um die posturalen (Gleichgewichts-) Parameter zu charakterisieren.
  - Berechnen Sie für jeden Versuch bspw. arithmetisches Mittel und Standardabweichung der anterior-posterior Komponente und der lateralen Komponente des COP.
  - Entscheiden Sie, inwiefern es sinnvoll ist, Extremwerte als Ausreißer bzw. Fehlerwerte durch die Bestimmung des 5. und 95. Perzentils auszuschließen.

- **Kap. 1/Untersuchung 3: Bestimmung der Gleichgewichtsfähigkeit mit Hilfe des GGT**
  - Beachten Sie bei Ihrer Datenauswertung, dass Sie vier Variablen haben: statische Gleichgewichtsfähigkeit, dynamische Gleichgewichtsfähigkeit sowie exterozeptiv und interozeptiv regulierte Bewegungen. Die Skalen sind metrisch.
  - Stellen Sie die Daten grafisch dar (Häufigkeitsverteilungen, Boxplots).
  - Vergleichen Sie die Variablen hinsichtlich ihrer Mittelwerte und Streuungsmaße miteinander.

- **Kap. 2/Untersuchung 1: Bestimmung der komfortablen Ganggeschwindigkeit**
  - Stellen Sie zwei Häufigkeitsdiagramme dar:
    1. auf der Basis der metrischen Daten (berechnete komfortable Geschwindigkeit) und
    2. auf der Basis der Bewertung als ordinalskalierte Daten.
  - Gibt es Unterschiede hinsichtlich der Form der Kurve? Welche Vor- und Nachteile beider Darstellungsarten sehen Sie?

- **Kap. 1/Untersuchung 1–3: Bestimmung der Bewegungsvariabilität**
  - Der Variationskoeffizient ist ein gängiges Maß, um Bewegungsvariabilitäten zu charakterisieren. Beachten Sie jedoch, dass Sie zu nicht interpretierbaren Ergebnissen gelangen, wenn das arithmetische Mittel sehr klein oder null ist (steht unter dem Bruchstrich). Dann ist eher die Standardabweichung als Variationsmaß geeignet.

— Bei der Berechnung der Variabilität des Bewegungsverlaufs ist zu empfehlen, aus den wiederholten Weg- oder Winkel-Zeit-verläufen zu gleichen Zeitpunkten Standardabweichung bzw. Variationskoeffizient aus den Einzeldaten der Wege, Winkel o. Ä. zu ermitteln. Aus den so erhaltenen Streuungsmaßen sind die Mittelwerte zu bestimmen, die dann Auskunft über das Variabilitätsverhalten der Bewegung geben.

Literatur

Bortz, J. (1999). Statistik für Sozialwissenschaftler. Berlin: Springer.

Bourier, G. (2012). *Beschreibende Statistik. Praxisorientierte Einführung. Mit Aufgaben und Lösungen* (10. aktualisierte Aufl.). Wiesbaden: Springer Fachmedien.

Fahrmeir, L., Heumann, C., Künstler, R., Pigeot, I., & Tutz, G. (2016). Statistik. Der Weg zur Datenanalyse (8, überarbeitete und, ergänzte Aufl.). Berlin: Springer-Spektrum.

Hornsteiner, G. (2012). Daten und Statistik. Eine praktische Einführung für den Bachelor in Psychologie und Sozialwissenschaften. Berlin: Springer-Verlag.

Kuckartz, U., Rädiker, S., Ebert, T., & Schehl, J. (2013). Statistik. Eine verständliche Erklärung. Wiesbaden: Springer Fachmedien.

Rasch, B., Friese, M., Hofmann, W., & Naumann, E. (2014). *Quantitative Methoden 1. Einführung in die Statistik für Psychologen und Sozialwissenschaftler* (4. Aufl.) Berlin: Springer.

Wahrscheinlichkeiten und Verteilungen

3.1   Einleitung – 26

3.2   Wahrscheinlichkeitstheoretische Grundkenntnisse – 27

3.3   Wahrscheinlichkeits- und Verteilungsfunktionen – 30
3.3.1   Normalverteilung – 31
3.3.2   Standardnormalverteilung – 33
3.3.3   Tests zur Prüfung auf Normalverteilung – 34
3.3.4   Andere Verteilungen – 34

3.4   Aufgaben zur Vertiefung – 36

        Literatur – 37

© Springer-Verlag GmbH Deutschland, ein Teil von Springer Nature 2019
K. Witte, *Angewandte Statistik in der Bewegungswissenschaft (Band 3)*,
https://doi.org/10.1007/978-3-662-58360-9_3

3

In der empirischen Forschung kann man nur mit einer bestimmten Wahrscheinlichkeit Entscheidungen über die Richtigkeit von Aussagen treffen. Sind die Mittelwerte von Stichproben gleich oder unterliegen sie einer bestimmten Verteilung? Was ist das Besondere an einer Normalverteilung und warum ist diese so wichtig in der Statistik? Diese Fragen sollen in diesem Kapitel geklärt werden.

3.1 Einleitung

Die Wahrscheinlichkeitstheorie ist elementarer Bestandteil der Statistik (Bortz 1999). Uns ist im alltäglichen Leben kaum noch bewusst, wie sehr wir mit hohen Wahrscheinlichkeiten rechnen und daraus unser Vertrauen schöpfen. So richten wir in unseren Breiten unser Leben so ein, dass wir nicht mit einem Erdbeben, das unser Zuhause zerstören könnte, rechnen. Auch gehen wir täglich davon aus, dass wir unfallfrei zur Uni bzw. zur Arbeitsstätte gelangen. Wir vertrauen weiter darauf, dass wir auch am nächsten Tag gesund sind, unser PC funktioniert und wir unsere Lebensmittel im Supermarkt kaufen können. Die hohe Wahrscheinlichkeit, dass diese Ereignisse auch so zutreffen, hat entscheidenden Einfluss auf unsere Lebensführung.

Inwiefern wir das Auftreten von Ereignissen als real einschätzen können oder wie wahrscheinlich das Zusammentreffen verschiedener Ereignisse ist, damit beschäftigt sich die Wahrscheinlichkeitstheorie. Durch die Statistik wird nun geprüft, wie wahrscheinlich eine Hypothese ist. Damit kommt der Wahrscheinlichkeitstheorie eine wichtige Bedeutung für die statistische Analyse im Rahmen unserer empirischen Untersuchungen zu. So kann zum Beispiel angenommen werden, dass unsere erhobenen Messwerte einer statistischen Verteilung unterliegen. Doch wie gehen wir damit um? Wie werden Messreihen miteinander verglichen, die zwar ähnliche Mittelwerte, aber unterschiedliche Verteilungen haben? Sind sie auch als ähnlich zu betrachten oder gibt es relevante Unterschiede?

Wir wollen uns zunächst mit ein paar wenigen wahrscheinlichkeitstheoretischen Grundkenntnissen beschäftigen, bevor im darauffolgenden Abschnitt die für statistische Analysen grundlegenden Wahrscheinlichkeits- und Verteilungsfunktionen besprochen werden.

3.2 Wahrscheinlichkeitstheoretische Grundkenntnisse

In diesem Kapitel wollen wir insbesondere auf relative Häufigkeiten und Wahrscheinlichkeiten eingehen. Ausführlichere mathematische Beschreibungen sind in der Literatur zu finden (Bortz 1999; Fahrmeir et al. 2016; Kuckartz et al. 2013).

Wenn ein Zufallsexperiment n-mal wiederholt wird, kann durch Auszählen des Auftretens (n_A) eines einzelnen oder (Elementar-)Ereignisses (A) die relative Häufigkeit $H(A)$ bestimmt werden:

$$H(A) = \frac{n_A}{n} \tag{3.1}$$

Generell kann formuliert werden, dass die Wahrscheinlichkeit für ein Ereignis A durch die relative Häufigkeit (n_A/n) geschätzt werden kann. Die Schätzung ist umso genauer, je größer n ist. Ein bekanntes Beispiel, das dies demonstriert, ist das Würfeln. Die Wahrscheinlichkeit, eine bestimmte Zahl zu würfeln, beträgt 1/6. Daraus kann aber nicht geschlussfolgert werden, dass bei sechs Würfen, jede Zahl genau einmal gewürfelt wird. Auch bei zwölf Würfen kann es durchaus vorkommen, dass manche Zahl mehrmals und eine andere Zahl gar nicht gewürfelt wird. Erst bei sehr vielen Würfen beträgt die Anzahl für die Würfe einer Zahl ein Sechstel der Gesamtwürfe, also 16,7 %. Allerdings lassen sich so Wahrscheinlichkeiten nur dann berechnen, wenn es sich um gleichwahrscheinliche Ereignisse handelt.

Wenn man ermitteln will, wie wahrscheinlich es ist, dass zwei Ereignisse gleichzeitig eintreten oder wenigstens eins der beiden Ereignisse eintritt, müssen beide Wahrscheinlichkeiten addiert werden (Additionstheorem).

Interessant für viele Anwendungen sind die sogenannten bedingten Wahrscheinlichkeiten. Darunter versteht man die Wahrscheinlichkeit des Eintretens eines Ereignisses unter der Bedingung eines anderen Ereignisses. Wir wollen dies am Beispiel der ◘ Tab. 3.1 erläutern. Zweihundert ältere Personen erhielten nach einem Gleichgewichtstest eine Trainingsintervention, davon nahmen 80 Personen an einem speziellen Gleichgewichtstraining teil. Die anderen 120 Personen absolvierten ein allgemeines Fitnessprogramm. Beide Trainings hatten die gleiche Dauer und Häufigkeit. Danach erfolgte ein zweiter Gleichgewichtstest. Es wurde überprüft, inwiefern Verbesserungen eingetreten sind. Diese Ergebnisse sind in der ◘ Tab. 3.1 mit Hilfe einer Vierfeldertafel dargestellt. Daraus kann die Wahrscheinlichkeit, dass sich ein Gleichgewichtstraining positiv auf die Gleichgewichtsfähigkeit älterer Personen im Vergleich zu einem allgemeinen Fitnesstraining auswirkt, folgendermaßen berechnet werden:

3

▣ Tab. 3.1 Wahrscheinlichkeit des Effektes eines Gleichgewichtstrainings (GG) im Vergleich zu einem Fitnesstraining (FI)

	GG	FI	
Verbesserte Gleichgewichtsfähigkeit	60	40	100
Keine verbesserte Gleichgewichtsfähigkeit	20	80	100
	80	120	$n = 200$

$$p = \frac{60/200}{80/200} = \frac{60}{80} = 0{,}75 \tag{3.2}$$

Damit würde sich bei unserem Zahlenbeispiel eine 75 %ige Wahrscheinlichkeit für den positiven Effekt eines Gleichgewichtstrainings ergeben.

Generell eignet sich die Vierfeldertafel gut, um Ereignisse und ihre Kombination untereinander visuell zu verdeutlichen und bedingte Wahrscheinlichkeiten zu ermitteln. Die ▣ Tab. 3.2 zeigt das allgemeine Schema einer Vierfeldertafel, wobei davon ausgegangen wird, dass zwei Merkmale bzw. Variablen (mit je zwei Ausprägungen) involviert sind. Es stellt sich nun die Frage, mit welcher Wahrscheinlichkeit die einzelnen Kombinationen auftreten.

In unserem abstrakten Beispiel (▣ Tab. 3.2) hat das Merkmal A die Ausprägungen A_1 und A_2 und das Merkmal B die Ausprägungen B_1 und B_2. Insgesamt werden N Merkmalsträger (z. B. Probanden) betrachtet. Davon besitzen n_1 die Merkmalsausprägungen A_1 und B_1, n_2 die Merkmalsausprägungen A_1 und B_2 usw. Daraus berechnen sich die Wahrscheinlichkeiten für A_1 und B_2 zu n_1/N und für A_1 und B_2 zu n_2/N usw. Möchte man nun wissen, wie viele Merkmalsträger das Merkmal A_1 und B_1 oder A_1 und B_2 besitzen, ist die Summe aus n_1 und n_2 zu bilden. Die Wahrscheinlichkeit, dass ein Merkmalsträger die Ausprägung A_1 und B_1 oder A_1 und B_2 hat, ergibt sich zu $(n_1 + n_2)/N$.

Angewendet wird weiterhin häufig das Multiplikationstheorem für Wahrscheinlichkeiten. Damit ist die Wahrscheinlichkeit, dass zwei Ereignisse gemeinsam oder unabhängig voneinander eintreten, das Produkt aus den beiden einzelnen Wahrscheinlichkeiten. Würfeln wir bspw. mit zwei Würfeln, ist die Wahrscheinlichkeit, dass gleichzeitig zwei Sechsen gewürfelt werden:

$$\frac{1}{6} \cdot \frac{1}{6} = \frac{1}{36} \text{ oder } 2{,}8\%.$$

Hilfreich sind auch sogenannte Baumdiagramme mit entsprechenden Pfadregeln (▣ Abb. 3.1).

Tab. 3.2 Allgemeines Schema einer Vierfeldertafel

		B_1	B_2	Summe
Merkmal A	A_1	n_1	n_2	$n_1 + n_2$
	A_2	n_3	n_4	$n_3 + n_4$
	Summe	$n_1 + n_3$	$n_2 + n_4$	$N = n_1 + n_2 + n_3 + n_4$

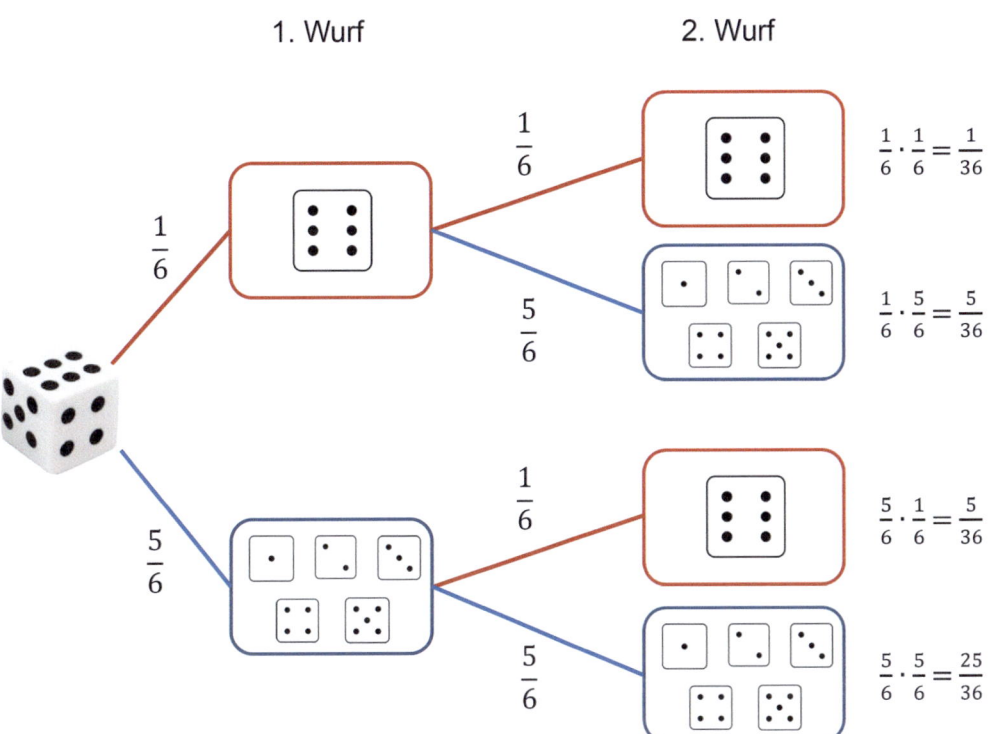

Abb. 3.1 Baumdiagramm und Pfadregeln für das zweimalige Würfeln und Berechnung der Wahrscheinlichkeiten, dass zweimal die Sechs, einmal die Sechs oder niemals die Sechs gewürfelt wird

Generell gilt, dass Einzelwahrscheinlichkeiten multipliziert werden, wenn sie mit dem Wort „und" verknüpft sind. Sind sie durch das Wort „oder" verknüpft, werden die Einzelwahrscheinlichkeiten addiert.

Wichtig für das Treffen von statistischen Entscheidungen ist das Theorem von Bayes (Bortz 1999). Mit diesem Satz kann berechnet werden, wie groß die Wahrscheinlichkeit des Eintreffens eines Ereignisses A unter der Bedingung des Ereignisses B ist. Hierzu benötigt man die Wahrscheinlichkeit, dass B

3

unter der Bedingung A eintritt, und die einzelnen Wahrscheinlichkeiten für A und B. Dieses Theorem ist für statistische Entscheidungen von großer Bedeutung, da diese immer auf der Grundlage von bedingten Wahrscheinlichkeiten getroffen werden. So wird geprüft, mit welcher Wahrscheinlichkeit eine bestimmte Hypothese unter der Voraussetzung eines empirisch ermittelten Untersuchungsergebnisses richtig ist.

Ausführliche Darstellungen sind bei Kuckartz et al. (2013) und Hornsteiner (2012) zu finden.

3.3 Wahrscheinlichkeits- und Verteilungsfunktionen

Zur Behandlung von Wahrscheinlichkeits- und Verteilungsfunktionen müssen zunächst die Begrifflichkeiten Zufallsexperiment und Zufallsvariable erläutert werden. Zufallsexperimente sind immer Untersuchungen, deren Ergebnisse vom Zufall beeinflusst werden (Bortz 1999). Durch die Zufallsvariable werden den Ergebnissen des Zufallsexperiments reelle Zahlen oder auch nominal- oder ordinalskalierte Daten zugeordnet. Damit können Zufallsvariable diskret oder stetig sein. Während im Allgemeinen die Variable selbst mit einem Großbuchstaben (z. B. X) gekennzeichnet wird, verwendet man für die Daten Kleinbuchstaben (z. B. x).

Für das Merkmal X kann für jede gezogene Stichprobe ein Mittelwert $\bar{x}$ gebildet werden. Es ist verständlich, dass dieser Mittelwert von der zufälligen Zusammensetzung der betrachteten Stichprobe abhängt. Werden nun mehrere Stichproben betrachtet, sind deren Mittelwerte unterschiedlich verteilt. Sich mit diesen Wahrscheinlichkeitsverteilungen zu beschäftigen, ist eine Voraussetzung für die Vorhersage des tatsächlichen Mittelwertes des Merkmals.

Bisher wurden der Mittelwert mit $\bar{x}$ und die Varianz mit s^2 bezeichnet. Dies bezieht sich auf statistische Kennwerte einer empirischen Verteilung. Bei theoretischen Verteilungen werden für den erwarteten Mittelwert der Erwartungswert μ und die Varianz σ^2 verwendet.

Entsprechend der Skalierung der Variable unterscheidet man zwischen diskreten und stetigen Wahrscheinlichkeitsfunktionen bzw. Verteilungsfunktionen.

Eine häufig verwendete diskrete Wahrscheinlichkeitsverteilung ist die Binomialverteilung. Binomialverteilungen treten dann auf, wenn es für die Ereignisse genau zwei Alternativen gibt, wie bspw. Treffer oder Nichttreffer oder Erfolg oder Nichterfolg. Dabei können die Wahrscheinlichkeiten für das Auftreten einer Alternative gleich oder ungleich sein. Bekannt ist auch das Urnenbeispiel, in dem es darum geht, aus einer Urne mit weißen und schwarzen Kugeln herauszufinden, wie viele Versuche man benötigt, um mit einer bestimmten Wahrscheinlichkeit eine schwarze Kugel zu ziehen. Dabei kann die Anzahl der weißen und schwarzen Kugeln variieren. Stetige Wahrscheinlichkeitsverteilungen liegen vor, wenn kontinuierliche Größen erfasst werden.

Nachfolgend werden folgende kontinuierliche Verteilungen erläutert, die auch die Grundlage der Anwendung der statistischen Methoden bilden:

- Normalverteilung
- χ^2-Verteilung
- t-Verteilung
- F-Verteilung

3.3.1 Normalverteilung

Die Normalverteilung nimmt in der Statistik eine besondere Stellung ein. Bei vielen Verfahren der schließenden Statistik muss vorher geprüft werden, ob eine Normalverteilung der Daten vorliegt. Ist dies nicht der Fall, muss auf andere Verfahren zurückgegriffen werden. Typische Eigenschaften von Normalverteilungen sind (Bortz 1999; Hornsteiner 2012):

- Glockenförmiger grafischer Verlauf der Kurve
- Symmetrische Verteilung
- Modal-, Median- und Erwartungswert fallen zusammen
- Asymptotische Annäherung an die x-Achse
- Zwischen den zwei Wendepunkten der Kurve befindet sich 2/3 der Gesamtfläche

Erwartungswert μ und Streuung (Standardabweichung) σ beeinflussen jedoch maßgeblich den Kurvenverlauf. ◘ Abb. 3.2 zeigt dies an zwei Beispielen.

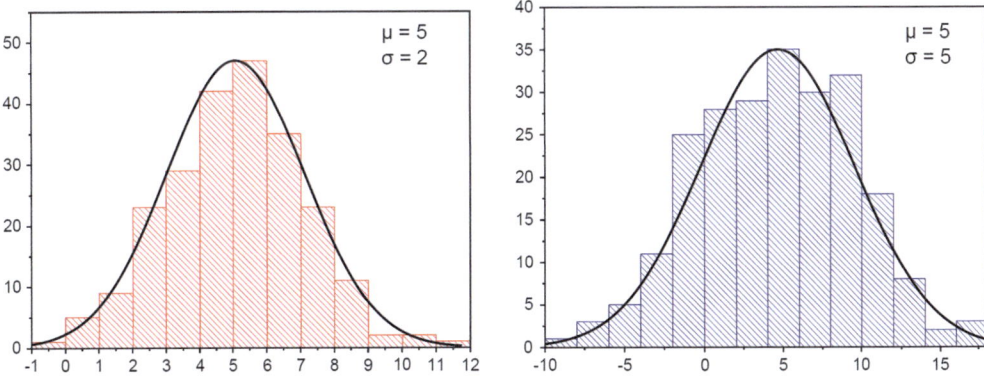

◘ **Abb. 3.2** Jeweils 230 normalverteilte Daten mit unterschiedlicher Streuung σ, aber gleichem Erwartungswert μ

Damit wird die Normalverteilung eindeutig durch die beiden Parameter Erwartungswert μ und Standardabweichung σ festgelegt. Die Dichtefunktion $f(x)$ lautet:

$$f(x) = \frac{1}{\sqrt{2\pi \cdot \sigma^2}} \cdot e^{-(x-\mu)^2/2\sigma^2}, \tag{3.3}$$

wobei die exponentielle Funktion mit $e = 2{,}72\ldots$ (Eulersche Zahl) verwendet wird.

Erläuterung zum Begriff Wahrscheinlichkeitsdichte
Wahrscheinlichkeitsdichtefunktionen dienen zur Konstruktion von Wahrscheinlichkeitsverteilungen mit Hilfe von Integralen sowie zur Untersuchung und Klassifikation von Wahrscheinlichkeitsverteilungen.
Für diskrete Fälle werden zur Bestimmung der Wahrscheinlichkeitsdichte die Wahrscheinlichkeiten der einzelnen Ereignisse aufsummiert, bspw. beim Würfeln $1/6 + 1/6 + \ldots$ Bei stetigen Verteilungen muss bedacht werden, dass es kaum vorkommen kann, dass zwei Ereignisse genau denselben Wert annehmen. So besitzen z. B. zwei Personen niemals die absolut gleichen Körpermassen. Im Bereich der reellen Zahlen hat jeder einzelne Wert innerhalb eines Intervalls zwischen a und b (z. B. 60,00 kg und 70,00 kg) die Wahrscheinlichkeit 0. Die Wahrscheinlichkeit lässt sich dann über das Integral der Wahrscheinlichkeitsdichte bestimmen. Damit ergibt sich die Wahrscheinlichkeitsverteilung P in einem Intervall zwischen a und b zu:

$$P([a,\, b]) := \int_a^b f(x)dx \tag{3.4}$$

Grafisch wird dieser Zusammenhang in der ◘ Abb. 3.3 verdeutlicht.

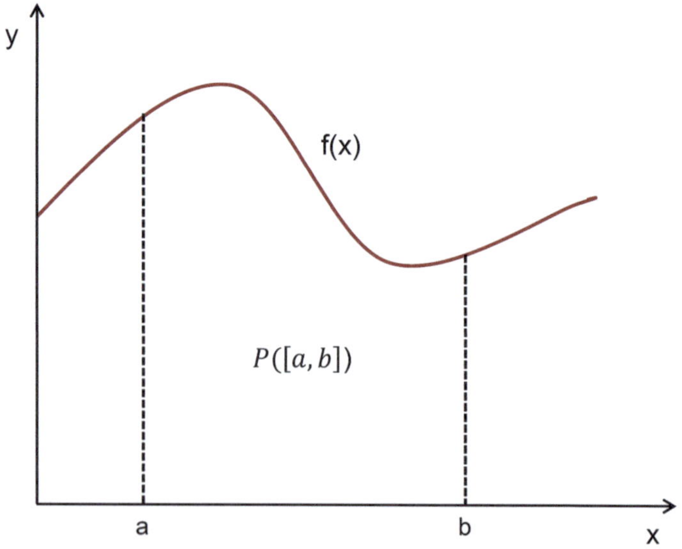

◘ **Abb. 3.3** Zusammenhang zwischen Wahrscheinlichkeitsdichtefunktion $f(x)$ und der Wahrscheinlichkeitsverteilung P: Die Wahrscheinlichkeit des Auftretens eines Wertes der Funktion $f(x)$ im Intervall $[a, b]$ ist gleich dem Inhalt der Fläche unterhalb des Grafen $f(x)$

3.3.2 Standardnormalverteilung

Die Standardnormalverteilung (■ Abb. 3.4) ist durch die Kennwerte $\mu = 0$ und $\sigma = 1$ gekennzeichnet. Alle anderen Normalverteilungen können durch einfache Transformation (z-Transformation) in diese Standardnormalverteilung überführt werden, wodurch alle Normalverteilungen standardisiert werden können. Damit vereinfacht sich auch die Dichtefunktion zu:

$$f(z) = \frac{1}{\sqrt{2\pi \cdot \sigma^2}} \cdot e^{-z^2/2} \qquad (3.5)$$

Die Bedeutung der Normalverteilung kann unter den folgenden vier Aspekten zusammengefasst werden (Bortz 1999; Kuckartz et al. 2013; Rasch et al. 2014):

— In Bezug auf empirische Daten: Die Bedeutung der Normalverteilung für empirische Daten kann an vielen Beispielen gezeigt werden. Wir finden Normalverteilung bei vielen psychologischen, biologischen und anthropometrischen Merkmalen.

— Als Verteilungsmodell für statistische Kennwerte: Die Zufallsvariable ist unter der Bedingung einer ausreichend großen Stichprobe normalverteilt.

— Als mathematische Basisverteilung: Aus der Normalverteilung sind andere Verteilungen ableitbar (χ^2-, t- und F-Verteilung). Auch eine Binomialverteilung kann bei einer ausreichend großen Stichprobe durch eine Normalverteilung angenähert werden.

— In der statistischen Fehlertheorie: Wird eine Messung mehrmals wiederholt, stellt man fest, dass die Messergebnisse in der Regel nicht gleichverteilt, sondern normalverteilt sind.

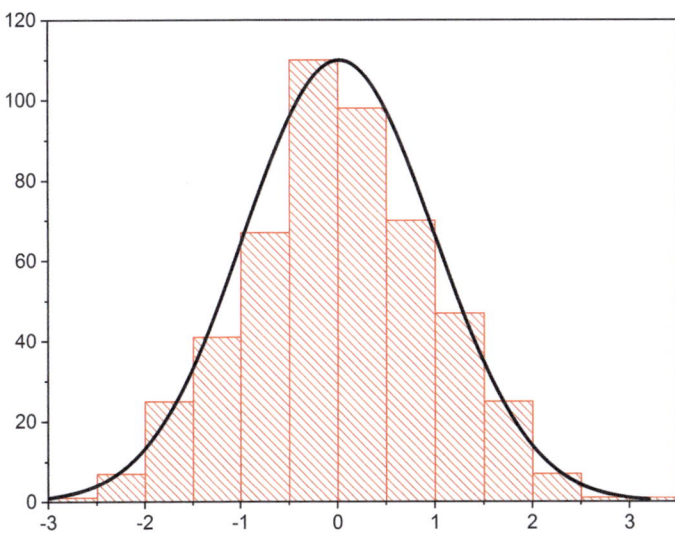

■ **Abb. 3.4** Beispiel für eine Standardnormalverteilung: Kurve und Darstellung der empirischen Daten ($n = 500$)

3

3.3.3 **Tests zur Prüfung auf Normalverteilung**

Wie bereits erwähnt, ist es für viele statistische Verfahren eine Voraussetzung, dass die Daten normalverteilt sind. Dies gilt es zu überprüfen. Zunächst können Histogramme erstellt und eine deskriptive Statistik durchgeführt werden, damit man einen ersten Eindruck über die Verteilung der Daten erhält. Eine weitere grafische Möglichkeit stellt der sogenannte Q-Q-Plot dar. Bei einem Q-Q-Plot (Quantile-Quantile-Plot) oder auch P-P-Plot werden die bei Normalverteilung erwarteten Werte über den tatsächlichen Werten abgetragen. Gibt es einen linearen Zusammenhang, kann von einer Normalverteilung ausgegangen werden.

Wird nun angenommen, dass eine Normalverteilung vorliegt, kann das mit verschiedenen Tests überprüft werden. Diese sind auch in vielen Statistik-Softwarepaketen (z. B. SPSS, aber auch in OriginLab) enthalten. Dabei wird geprüft, ob es einen signifikanten Unterschied zwischen der Verteilung der empirischen Daten und einer Normalverteilung gibt. Ist das Ergebnis nicht signifikant, kann also eine Normalverteilung der Daten angenommen werden.

▪ **Chi-Quadrat-Test (χ^2-Test)**

Dieser Test ist für beliebig skalierte Daten geeignet. Allerdings ist eine Klassifikation mit mehr als 5 Klassen bei nichtmetrischen Daten notwendig. Die Stichprobe sollte möglichst groß sein.

▪ **Kolmogorov-Smirnov-Test (K-S-Test)**

Dieser Test benötigt keine großen Stichproben, aber metrische Daten.

▪ **Shapiro-Wilk-Test**

Dieser Test zeichnet sich durch hohe Teststärke bei kleineren Stichproben ($n < 50$) aus. Der Test wurde von verschiedenen Autoren weiterentwickelt, so dass speziell ausgewiesene Modifikationen auch auf größere Stichproben ($n < 5000$) angewendet werden können.

3.3.4 **Andere Verteilungen**

▪ **χ^2-Verteilung**

Die χ^2-Verteilung lässt sich als Verteilung der Summe von unabhängigen und quadrierten standardnormalverteilten Zufallsvariablen verstehen. Grundlage der χ^2-Verteilung ist die normalverteilte Zufallsvariable Z. Definitionsgemäß ist die χ_1^2-verteilte Zufallsvariable:

$$\chi_1^2 = Z^2 \tag{3.6}$$

Für die Summe der Quadrate von drei Z^2 voneinander unabhängigen und standardnormalverteilten Zufallsvariablen definiert sich die χ_3^2-verteilte Zufallsvariable zu:

$$\chi_3^2 = Z_1^2 + Z_2^2 + Z_3^2, \tag{3.7}$$

mit drei Freiheitsgraden ($df = 3$).

Allgemein gilt:

$$\chi_n^2 = Z_1^2 +^2 + \ldots + Z_n^2 = \sum_{i=1}^{n} Z_i^2 \tag{3.8}$$

Dabei hat der Wert der Anzahl der Freiheitsgrade (df) entscheidenden Einfluss auf den Verlauf der Dichtefunktion. Die Anzahl der Freiheitsgrade ist so zu verstehen, dass bei n unabhängigen Zufallsvariablen jede frei variiert (Hornsteiner 2012).

- *t*-Verteilung

Die t-Verteilungen werden folgendermaßen gebildet: Aus einer normalverteilten Zufallsvariablen wird ein z-Wert und aus einer unabhängigen χ^2-verteilten Zufallsvariablen ein χ_n^2-Wert gezogen. Daraus erhält man den t_n-Wert:

$$t_n = \frac{z}{\sqrt{\frac{\chi_n^2}{n}}} \tag{3.9}$$

Die daraus resultierende Verteilung der t_n-Werte ergibt die t-Verteilung oder auch in der Literatur oft nach seinem Urheber „Student-t-Verteilung" genannt. Entsprechend der Freiheitsgrade der verwendeten χ^2-Werte unterscheiden sich die jeweiligen t-Verteilungen voneinander. Die t-Verteilung ähnelt der Standardnormalverteilung. So können für $n > 30$ die Verteilungswerte der t-Verteilung und deren Quantile durch die Standardnormalverteilung angenähert werden.

Da die t-Verteilung die Berechnung der Verteilung der Differenzen zwischen Mittelwert der Stichprobe und dem Mittelwert der Grundgesamtheit erlaubt, wird diese auch für Mittelwertsvergleiche verschiedener Stichproben herangezogen, um zu zeigen, ob diese einer gemeinsamen Grundgesamtheit angehören.

- *F*-Verteilung

Eine F-Verteilung erhält man aus zwei verschiedenen χ^2-Verteilungen mit $df_1 = n_1$ und $df_2 = n_2$. Der F-Wert ist als Produkt

3

aus dem Quotienten von zwei zufällig aus diesen beiden Verteilungen gezogenen χ^2-Verteilungen und dem Kehrwert des Quotienten ihrer Freiheitsgrade $\left(\frac{n_2}{n_1}\right)$ definiert:

$$F_{(n_1, n_2)} = \frac{\chi_{n1}^2}{\chi_{n2}^2} \cdot \frac{n_2}{n_1} \tag{3.10}$$

F-Verteilungen können sich hinsichtlich der Anzahl der Freiheitsgrade im Zähler als auch im Nenner voneinander unterscheiden. Anwendungen der F-Verteilung werden wir bei der Behandlung von varianzanalytischen Verfahren behandeln.

3.4 Aufgaben zur Vertiefung

1. Nutzen Sie das Datenmaterial aus der Aufgabe 1 in ▶ Abschn. 2.7. Prüfen Sie, ob eine Normalverteilung vorliegt. Nutzen Sie dabei ein grafisches Verfahren sowie geeignete numerische Methoden. Diskutieren Sie die Fälle, bei denen keine Normalverteilung vorliegt.
2. Sie haben ein Probandenpool mit Mädchen und Jungen. Sie wollen randomisiert Pärchen (ein Mädchen und ein Junge) bilden. Veranschaulichen Sie diesen Sachverhalt mit einem Baumdiagramm und berechnen Sie die Wahrscheinlichkeiten unter folgenden Bedingungen:
   a) Anzahl der Mädchen und Jungen sind gleich.
   b) Anzahl der Mädchen beträgt 70 %.
3. Stellen Sie sich folgendes Untersuchungsdesign vor. Sie haben im Verlauf eines Jahres die Leistungsentwicklung von 50 jungen Athleten untersucht, wobei Sie Tests zur Ermittlung der Maximalkraft der unteren Extremitäten und der aeroben Ausdauer (Laufen) durchführten. Dabei stellten Sie fest, dass 30 Probanden ihre Ausdauer verbesserten, aber 15 Probanden ihre Ausdauer nicht, dafür aber ihre Maximalkraft verbessern konnten. Fünf Probanden verbesserten ihre Maximalkraft, aber nicht ihre Ausdauer.
   a) Stellen Sie die Vierfeldertafel auf. Tragen Sie zunächst die gegebenen Daten ein und berechnen Sie dann die fehlenden Werte.
   b) Wie viele Athleten verbesserten weder ihre Ausdauer noch ihre Maximalkraft?
   c) Wie viele Athleten verbesserten sowohl ihre Ausdauer als auch ihre Maximalkraft?
4. Erzeugen Sie mit einer geeigneten Software (z. B. OriginPro, Excel) eine Reihe von normalverteilten Zufallszahlen. Überprüfen Sie mit einer geeigneten Methode, ob eine Normalverteilung vorliegt. Variieren Sie die Anzahl der Daten. Gibt es Unterschiede in Bezug auf die Verteilung?

Literatur

Bortz, J. (1999). *Statistik für Sozialwissenschaftler*. Berlin: Springer.

Fahrmeir, L., Heumann, C., Künstler, R., Pigeot, I., & Tutz, G. (2016). *Statistik. Der Weg zur Datenanalyse* (8. überarbeitete und ergänzte Aufl.). Berlin: Springer-Spektrum.

Hornsteiner, G. (2012). *Daten und Statistik. Eine praktische Einführung für den Bachelor in Psychologie und Sozialwissenschaften*. Berlin: Springer-Verlag.

Kuckartz, U., Rädiker, S., Ebert, T., & Schehl, J. (2013). *Statistik. Eine verständliche Erklärung*. Wiesbaden: Springer Fachmedien.

Rasch, B., Friese, M., Hofmann, W., & Naumann, E. (2014). *Quantitative Methoden 1. Einführung in die Statistik für Psychologen und Sozialwissenschaftler* (4. Aufl.). Berlin: Springer.

Parameterschätzung

4.1   Einleitung – 40

4.2   Stichprobenarten – 41

4.3   Verteilung der Stichprobenkennwerte – 44

4.4   Konfidenzintervalle – 47

4.5   Aufgaben zur Vertiefung – 49

Literatur – 49

© Springer-Verlag GmbH Deutschland, ein Teil von Springer Nature 2019
K. Witte, *Angewandte Statistik in der Bewegungswissenschaft (Band 3)*,
https://doi.org/10.1007/978-3-662-58360-9_4

4

Das vorliegende Kapitel behandelt das Problem, dass man meist nur eine Stichprobe zur Verfügung hat, aber auf Mittelwert und Streuung der Grundgesamtheit (Population) schließen möchte. Mit welcher Wahrscheinlichkeit ist das möglich? Welche Berechnungsmöglichkeiten es gibt soll nachfolgend gezeigt werden und außerdem auf die Bedeutung der Ziehung der Stichproben eingegangen werden.

4.1 Einleitung

Während man mit der deskriptiven oder explorativen (erkundenden) Statistik (siehe ▶ Kap. 9) Aussagen über vorhandene bzw. empirisch gewonnene Daten trifft, nutzt die Inferenzstatistik (schließende Statistik) die Daten einer Stichprobe, um Aussagen über die Grundgesamtheit (oder auch Population) zu treffen. Somit liegt die Bedeutung der Inferenzstatistik insbesondere darin, auf der Grundlage der Parameter einer relativ kleinen Stichprobe auf die Parameter der Grundgesamtheit zu schließen. Veranschaulichen wir uns dies an zwei Beispielen:

■ **Beispiel 1**

Mit Hilfe des d2-Tests (Untersuchung der individuellen Aufmerksamkeit und Konzentrationsfähigkeit durch Identifizieren von mit zwei Strichen markiertem „d" aus mehreren Reihen von Buchstaben nach Zeit) soll die Konzentrationsleistung von Sportstudierenden untersucht werden. Der Untersucher konnte für diesen Test an seiner Einrichtung 200 Studierende gewinnen. Inwiefern kann aus dem Ergebnis dieser Untersuchung auf die Konzentrationsleistung aller Sportstudierenden geschlossen werden?

■ **Beispiel 2**

Ein weiterer Bereich der Inferenzstatistik beschäftigt sich mit der Überprüfung von Hypothesen. Eine Hypothese könnte bspw. lauten: Fußballspieler haben ein besseres Reaktionsvermögen als Langstreckenläufer. Für die Untersuchung stehen jeweils 25 Probanden zur Verfügung. Im Ergebnis wurde festgestellt, dass die Fußballspieler Reaktionszeiten auf visuelle Signale haben, die durchschnittlich 30 ms kürzer sind als die der Langstreckenläufer. Ist dies nun ein zufälliges Ergebnis oder kann es verallgemeinert werden?

Statistische Kennwerte, die wir bereits im ▶ Kap. 2 kennengelernt haben, können nun zur Charakterisierung der

■ Tab. 4.1 Statistische Kennwerte für die Grundgesamtheit und eine Stichprobe		
	Grundgesamtheit (Population)	Stichprobe
Mittelwert	μ	$\bar{x}$
Streuung/ Standardabweichung	σ	s
Varianz	σ^2	s^2
Anzahl der Merkmalsträger/ Probanden	N	n

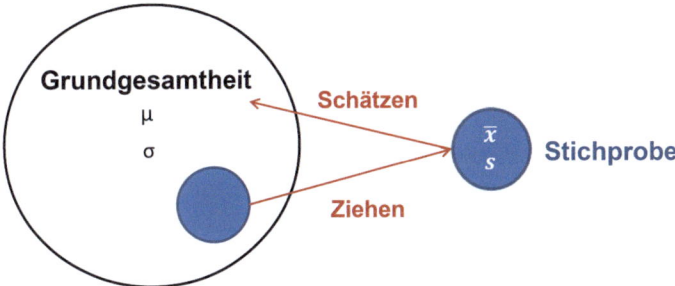

■ Abb. 4.1 Zusammenhang zwischen Grundgesamtheit und Stichprobe

Stichprobe als auch der Grundgesamtheit verwendet werden (■ Tab. 4.1). Als Veranschaulichung soll ■ Abb. 4.1 dienen.

In den nachfolgenden Abschnitten wollen wir uns besonders mit folgenden Problemen beschäftigen:

— Wenn man aus einer Grundgesamtheit mehrere Stichproben zieht, kann davon ausgegangen werden, dass ihre Mittelwerte nicht identisch sind. Wie geht man vor, um auf den Mittelwert der Grundgesamtheit zu schließen?

— Wie kann man aus den Parametern einer Stichprobe auf die Parameter der Grundgesamtheit schließen?

Wir lehnen uns dabei an die Vorgehensweisen von Bortz (1999), Fahrmeir et al. (2016), Hornsteiner (2012), Mittag (2014) und Rasch et al. (2014) an.

4.2 Stichprobenarten

In der Planungsphase der empirischen Forschung muss auch die Art und der Umfang der Stichprobe festgelegt werden. Dabei ist unbedingt zu berücksichtigen, dass die Stichprobe als Teilmenge

4

der Grundgesamtheit oder Population alle untersuchungs-relevanten Eigenschaften der Grundgesamtheit möglichst genau abbildet. Das ist nicht immer einfach, insbesondere wenn es um Untersuchungen bei Menschen geht. Dies soll an zwei Beispielen veranschaulicht werden:

Stellen wir uns vor, wir wollen die motorische Leistung zwischen trainierten und untrainierten Seniorinnen und Senioren vergleichen. Um Probanden der trainierten Gruppe zu rekrutieren, setzen wir uns mit entsprechenden Vereinen in Verbindung. Untrainierte Personen versuchen wir mit Hilfe eines Zeitungsaufrufs zu gewinnen. Man kann sich vorstellen, wie heterogen die Gruppen sind: verschiedene Sportvereine (in der ersten Gruppe), Alter, Geschlecht usw. Aber besonders die Gruppe der Untrainierten ist schwierig zu charakterisieren. Die Erfahrung hat gezeigt, dass sich besonders aktive ältere Personen melden. Es wird schwer für den Studienleiter werden, auch Personen in die Untersuchung einzubeziehen, die keinen Zugang zu körperlichen Aktivitäten haben.

Als weiteres Beispiel, das diesen Sachverhalt verdeutlichen soll, stellen wir uns vor, die kognitive Leistungsfähigkeit von 12- bis 13-Jährigen zu überprüfen. Sicher ist hier die Art der besuchten Schule für die Studie zu berücksichtigen.

Generell ist beim Ziehen der Stichprobe zu unterscheiden, ob die Stichprobe alle Merkmale der Grundgesamtheit (globale Repräsentativität) oder nur spezifische Merkmale (spezifische Repräsentativität) der Grundgesamtheit berücksichtigen soll. Allgemein unterscheidet man die folgenden Arten von Stichproben.

■ **Zufallsstichprobe**

Wie der Name sagt, werden bei einer Zufallsstichprobe die Probanden zufällig ausgewählt. Sie wird dann verwendet, wenn über die Verteilung der untersuchungsrelevanten Merkmale nichts bekannt ist. Damit kann jedes Element oder hier jede Person aus der Grundgesamtheit mit der gleichen Wahrscheinlichkeit gezogen werden.

In einigen Fällen ist die Grundgesamtheit bekannt und steht in Form von Namenslisten zur Verfügung. Dann können die Elemente der Stichprobe durch Losen, Würfeln oder Zufallszahlen entsprechend dem gewünschten Umfang gewählt werden.

Meist ist aber nicht die Grundgesamtheit, sondern nur eine Teilmenge bekannt, so dass strenggenommen die Befunde eigentlich auch nur für diese Teilmenge gelten. Deshalb ist es wichtig, diese Besonderheiten der Stichprobe zu diskutieren. Solche Besonderheiten können bspw. sein:

— Athleten eines bestimmten Verbandes, eines bestimmten Vereins, einer Region oder eines Landes
— Menschen mit unterschiedlichem Bildungshintergrund
— Bereitschaft an der Untersuchung teilzunehmen
— Quote der zurückgegebenen Fragebögen
— Dropouts (Ausfall von Studienteilnehmern) aus unterschiedlichen Gründen (Zeit, Krankheit u. a.)

So kann es bereits während des Auswahlverfahrens schon zu einem systematischen Fehler kommen, der spätestens in der Diskussion der Ergebnisse berücksichtigt werden muss.

■ **Klumpenstichprobe**

Die zu untersuchenden Probanden können bspw. unterschiedlichen Vereinen oder Regionen angehören oder auch aus verschiedenen Kliniken rekrutiert worden sein. In einer Klumpenstichprobe („cluster samples") werden nun die Probanden von zufällig ausgesuchten verschiedenen „Klumpen" (oder Clustern) zusammengefasst. Diese Klumpen sollen nun eigentlich ein verkleinertes Abbild der Grundgesamtheit darstellen. Allerdings stellt sich nun die Frage, wie gut die einzelnen Klumpen das Merkmal der Grundgesamtheit repräsentieren.

Wie die ◘ Abb. 4.2 demonstriert, können die gezogenen Klumpen wiederum Zufallsstichproben sein. Es können die Klumpen separiert oder auch zusammen in einer Stichprobe analysiert werden.

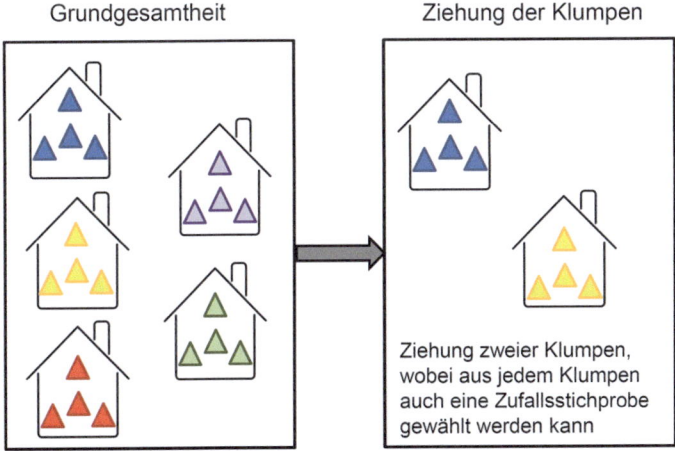

◘ **Abb. 4.2**   Schema einer Klumpenstichprobe

4

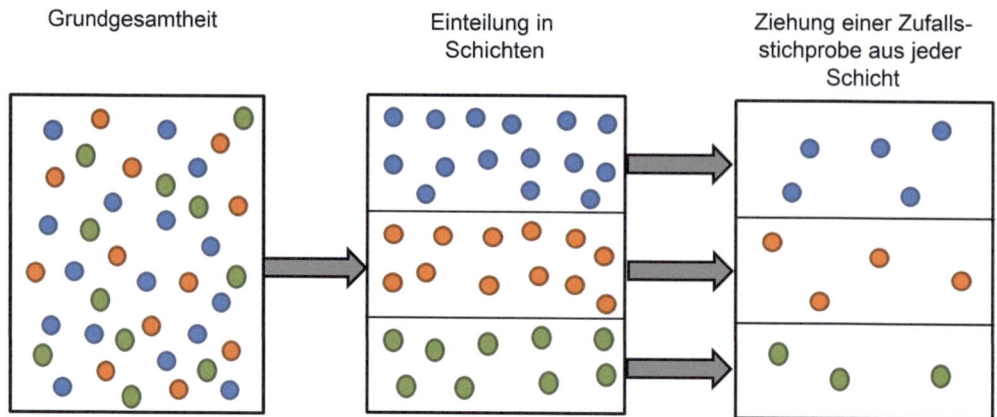

Grundgesamtheit   Einteilung in Schichten   Ziehung einer Zufalls-stichprobe aus jeder Schicht

❏ **Abb. 4.3**   Schema einer dreifach geschichteten Stichprobe mit anschließender Ziehung einer Zufallsstichprobe aus jeder Schicht

■ **Geschichtete Stichprobe**

Geschichtete Stichproben werden dann verwendet, wenn Faktoren, die das zu untersuchende Merkmal beeinflussen, in die Stichprobe mit einfließen. Typische Schichtungsmerkmale können sein: Alter, Geschlecht, Sportart, Trainingshäufigkeit oder soziales Umfeld. Die ❏ Abb. 4.3 zeigt dies schematisch. Stellen Sie sich vor, dass die Grundgesamtheit aus drei Altersgruppen besteht, die durch unterschiedliche farbige Kreise gekennzeichnet sind. Aus jeder Schicht wird dann wieder eine Zufallsstichprobe gezogen, die für die Untersuchung verwendet wird. So kann bspw. getestet werden, ob die unterschiedlichen Altersklassen das Untersuchungsergebnis beeinflussen.

Generell ist zu beachten, dass eine nach relevanten Merkmalen geschichtete Stichprobe zu besseren Schätzwerten der Populationsparameter führt, als eine einfache Stichprobe. Allerdings sollte dann auch der Stichprobenumfang entsprechend groß sein, wenn man die Schichten untereinander vergleichen will. Untersucht man dagegen die Stichprobe hinsichtlich einer Schicht, kann auf Grund der Homogenität der Schicht von einem geringeren Probandenumfang ausgegangen werden, als wenn man die gesamte Stichprobe mit allen Schichten in die Studie einbezieht.

4.3 Verteilung der Stichprobenkennwerte

Es stellt sich nun die Frage, wie gut der Mittelwert $\bar{x}$ einer Stichprobe den Mittelwert μ der Grundgesamtheit repräsentiert bzw. schätzt.

■ **Stichprobenwerteverteilung**

Gehen wir zunächst davon aus, dass aus einer Grundgesamtheit mehrere Stichproben gezogen und von jeder Stichprobe Mittelwert und Streuung berechnet werden. Würden wir unendlich viele Stichproben ziehen, würden wir eine sogenannte „Stichprobenkennwerteverteilung" erhalten. Die Streuung dieser Stichprobenkennwerteverteilung ist nun ein Maß dafür, wie gut ein einzelner Stichprobenkennwert (z. B. $\bar{x}$) den Kennwert der Grundgesamtheit (z. B. μ) schätzt. Je kleiner also diese Streuung ist, desto genauer kann ein einzelner Stichprobenschätzwert den Parameter der Grundgesamtheit schätzen. Wäre nun die theoretische Dichteverteilung ($f(x)$) bekannt, könnte die Wahrscheinlichkeit für die Abweichung eines Stichprobenmittelwerts $\bar{x}$ von μ bestimmt werden.

In der ◘ Tab. 4.2 wollen wir an einem konstruierten Beispiel zeigen, wie sich zunächst die Mittelwerte und Streuungsmaße der zehn einzelnen Stichproben mit je fünf Probanden berechnen und tabellarisch darstellen lassen.

Die ◘ Abb. 4.4 zeigt uns die Verteilung der Mittelwerte der einzelnen Stichproben um den Mittelwert μ der Grundgesamtheit. Wir sehen, wie unterschiedlich der Abstand eines einzelnen Mittelwertes zum Mittelwert der Grundgesamtheit und damit die Streuung sein kann.

◘ **Tab. 4.2** Konstruiertes Beispiel zur Wirkung eines mentalen Trainings auf die Qualität der Bewegungsausführung in %. „Ausgezeichnet" wird mit 100 % angegeben. Untersucht wurden 10 Vereine mit jeweils 5 Probanden. (Modifiziert nach Hornsteiner 2012)

Nr. der Stichprobe	x_1	x_2	x_3	x_4	x_5	$\bar{x}$	s^2	s
01	65	50	75	80	60	66	142,5	11,94
02	85	90	85	75	70	81	67,5	8,22
03	60	55	60	65	70	62	32,5	5,70
04	75	80	85	85	75	80	25	5
05	40	50	45	35	40	42	32,5	5,7
06	50	60	55	65	55	57	32,5	5,70
07	80	90	95	90	85	88	32,5	5,70
08	70	75	65	65	70	69	17,5	4,18
09	40	40	50	35	35	40	37,5	6,12
10	60	70	80	85	75	74	92,5	9,62
Mittelwert über 10 Werte						65,9	51,25	6,79
Varianz über 10 Werte						258,54	1524	5,75

4

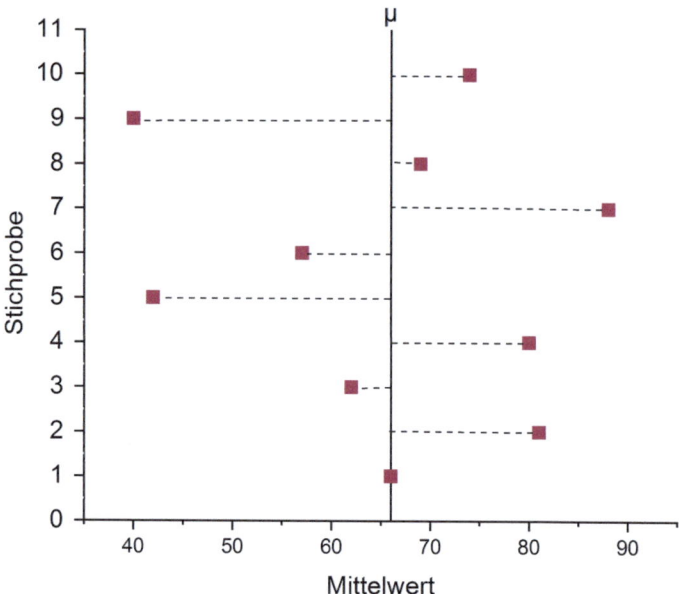

◘ Abb. 4.4   Verteilung der Mittelwerte der einzelnen Stichproben um den Mittelwert μ der Grundgesamtheit. Die Daten beziehen sich auf ◘ Tab. 4.2

▪ Standardfehler des Mittelwertes

Der Standardfehler kennzeichnet die Streuung der Stichprobenkennwerteverteilung. Wenn der Standardfehler klein ist, bedeutet dies eine geringe Streuung, so dass die Wahrscheinlichkeit, dass ein Mittelwert $\bar{x}_i$ einer einzelnen Stichprobe i den Mittelwert der Grundgesamtheit μ richtig schätzt, relativ groß ist. Anders gesprochen heißt es, dass mit zunehmendem Standardfehler die Mittelwerte der einzelnen Stichproben stärker streuen und damit die Wahrscheinlichkeit sinkt, dass der Mittelwert einer zufällig gezogenen Stichprobe klein ist und damit μ nicht ausreichend genau schätzt.

Der Standardfehler $\sigma_{\bar{x}}$ des arithmetischen Mittelwertes ist definiert zu:

$$\sigma_{\bar{x}} = \sqrt{\frac{\sigma^2}{n}} \tag{4.1}$$

Der Standardfehler wird also kleiner, je größer der Stichprobenumfang ist. Da davon auszugehen ist, dass die Populationsvarianz σ^2 in den meisten Fällen nicht bekannt ist, muss die Populationsvarianz als Erwartungswert $\hat{\sigma}^2$ aus der Stichprobenvarianz berechnet werden:

$$\hat{\sigma}^2 = \frac{\sum_{i=1}^{n} (x_i - \bar{x}_i)^2}{n - 1} \tag{4.2}$$

Damit ergibt sich dann der geschätzte Standardfehler des Mittelwerts $\hat{\sigma}_{\bar{x}}$ zu:

$$\hat{\sigma}_{\bar{x}} = \sqrt{\frac{\hat{\sigma}^2}{n}} = \sqrt{\frac{\sum_{i=1}^{n}(x_i - \overline{x_i})^2}{n \cdot (n-1)}} \tag{4.3}$$

Der Standardfehler sollte recht klein sein, um den Mittelwert der Grundgesamtheit möglichst genau schätzen zu können. Nur bei sehr großen Stichproben reicht es aus, den ersten linken Teil der Gleichung ▶ Gl. 4.3 zu verwenden. Weiterhin kann angenommen werden, dass mit wachsendem Stichprobenumfang die Stichprobenkennwerteverteilung eine Normalverteilung ist. In diesem Fall sind die Mittelwerte der Stichproben um den unbekannten Mittelwert der Grundgesamtheit normalverteilt. Damit befindet sich ein Mittelwert $\bar{x}_i$ einer Zufallsstichprobe i mit einer Wahrscheinlichkeit von ca. 95,5 % innerhalb des Bereiches $\mu \pm 2\hat{\sigma}_{\bar{x}}$. Und mit der Wahrscheinlichkeit von 68 % im Bereich von $\mu \pm \hat{\sigma}_{\bar{x}}$.

An folgendem Beispiel (in Anlehnung an Bortz 1999) soll demonstriert werden, wie die Wahrscheinlichkeit, mit der der Mittelwert der Stichprobe vom Mittelwert der Population abweicht, bestimmt wird. Stellen wir uns vor, dass ein kognitiver Test mit 100 Teilnehmern durchgeführt wird. Die mittlere Testleistung betrug $\bar{x} = 80$ Punkte. Die geschätzte Populationsvarianz wurde mit der ▶ Gl. 4.3 geschätzt: $\hat{\sigma}^2 = 900$, woraus sich der Standardfehler des Mittelwerts berechnen lässt:

$$\hat{\sigma}_{\bar{x}} = \sqrt{\frac{\hat{\sigma}^2}{n}} = \sqrt{\frac{900}{100}} = 3$$

Daraus ergibt sich, dass der Mittelwert von 80 Punkten mit einer Wahrscheinlichkeit von 68 % höchstens um einen Betrag von $1 \cdot \hat{\sigma}_{\bar{x}} = 3$ Testpunkten und mit einer Wahrscheinlichkeit von 95,5 % höchstens um einen Betrag von $2 \cdot \hat{\sigma}_{\bar{x}} = 6$ Testpunkten vom Mittelwert der Gesamtpopulation abweicht.

4.4 Konfidenzintervalle

Konfidenzintervalle werden in der Literatur auch als Vertrauensbereich, Vertrauensintervall oder Erwartungsbereich bezeichnet. Ein Konfidenzintervall gibt allgemein die Genauigkeit der Lageschätzung eines Parameters (z. B. Mittelwert) an. Damit kennzeichnet das Konfidenzintervall denjenigen Bereich eines Merkmals, in dem sich 95 % oder 99 % aller möglichen Populationsparameter befinden, die den empirisch ermittelten Stichprobenwert erzeugt haben können (Bortz 1999). Die ◘ Tab. 4.3 gibt die Berechnung der Konfidenzintervalle an.

Allgemein wird die Konfidenzintervallbreite *(KIB)* unter Zugrundelegung einer z-Transformation angegeben mit:

$$KIB = 2 \cdot z_{\left(\frac{\alpha}{2}\right)} \cdot \hat{\sigma}_{\bar{x}}, \tag{4.4}$$

mit $\alpha = 1$ – Konfidenzkoeffizient (Bereiche, in denen sich Populationsparameter mit einer bestimmten Wahrscheinlichkeit befinden) bzw. α bezeichnet die Irrtumswahrscheinlichkeit bspw. von 5 % (vgl. ◘ Abb. 4.5).

Betrachtet man kleinere Stichproben ($n < 30$), folgt die Verteilung der Differenzen $\bar{x} - \mu$ einer *t*-Verteilung, wenn das Merkmal selbst normalverteilt ist. Damit muss in der ▶ Gl. 4.4 z durch t ersetzt werden.

Weiterhin ist es in der Praxis oft von Interesse, Konfidenzintervalle für Prozentwerte (bei Vorliegen einer Normalverteilung) zu bestimmen:

$$KIB = 2 \cdot z_{\left(\frac{\alpha}{2}\right)} \cdot \hat{\sigma}_{\%}, \tag{4.5}$$

◘ **Tab. 4.3**   Bestimmung von Konfidenzintervallen

Wahrscheinlichkeit	Untere Grenze	Obere Grenze
95 %	$\bar{x} - 1{,}96 \cdot \hat{\sigma}_{\bar{x}}$	$\bar{x} + 1{,}96 \cdot \hat{\sigma}_{\bar{x}}$
99 %	$\bar{x} - 2{,}56 \cdot \hat{\sigma}_{\bar{x}}$	$\bar{x} + 2{,}56 \cdot \hat{\sigma}_{\bar{x}}$

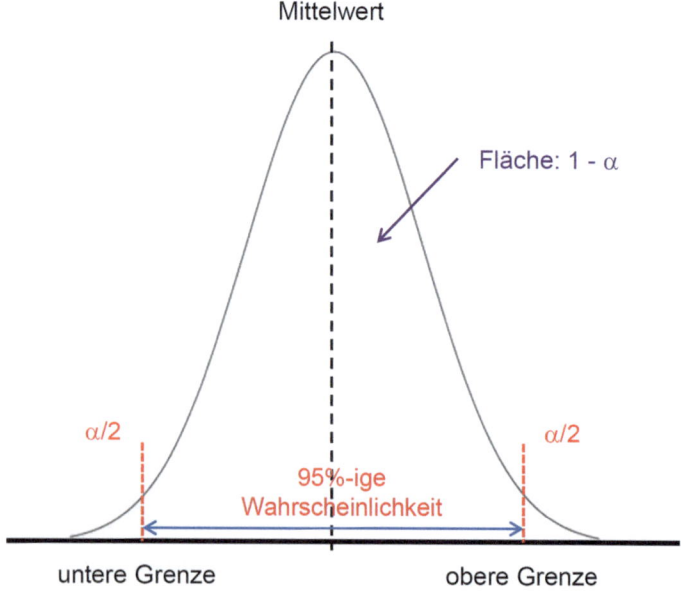

◘ **Abb. 4.5**   Veranschaulichung von Konfidenzintervallen

mit

$$\hat{\sigma}_\% = \sqrt{\frac{P \cdot Q}{n}}, \tag{4.6}$$

mit P als dem interessierenden Prozentwert und $Q = 100 - P$.

Wie verhält sich nun der Stichprobenumfang? Allgemein gilt, dass die Verringerung des Konfidenzintervalls bei konstantem Konfidenzkoeffizienten ein quadratisches Anwachsen des Stichprobenumfangs zur Folge hat:

$$n = \frac{4 \cdot z^2_{(\alpha/2)} \cdot \widehat{\sigma^2}}{KIB^2} \tag{4.7}$$

Bei Verwendung von Prozentwerten ergibt sich:

$$n = \frac{4 \cdot z^2_{(\alpha/2)} \cdot P \cdot Q}{KIB^2} \tag{4.8}$$

In der praktischen Anwendung sollte man bedenken, dass der benötigte Stichprobenumfang erheblich gesenkt werden kann, wenn statt einer reinen Zufallsstichprobe eine inhaltlich begründbare geschichtete Stichprobe gezogen wird.

4.5 Aufgaben zur Vertiefung

1. Überlegen Sie sich Untersuchungsdesigns, bei denen es sinnvoll ist
   a) eine Zufallsstichprobe,
   b) eine Klumpenstichprobe und
   c) eine geschichtete Stichprobe zu ziehen.
2. In einem Lernexperiment mit 150 Teilnehmern zeigten 100 Teilnehmer das gewünschte Resultat. Berechnen Sie das 95 %ige und das 99 %ige Konfidenzintervall!
3. Sie planen einen einfachen Reaktionstest bei jungen Erwachsenen. Hierzu wollen Sie eine Stichprobe ziehen. Welche Werte benötigen Sie aus der Literatur, um eine hinreichend große Stichprobe zu untersuchen, wenn der Konfidenzkoeffizient mit 95 % abgesichert werden soll?

Literatur

Bortz, J. (1999). *Statistik für Sozialwissenschaftler*. Berlin: Springer.
Fahrmeir, L., Heumann, C., Künstler, R., Pigeot, I., & Tutz, G. (2016). *Statistik. Der Weg zur Datenanalyse* (8. überarbeitete und ergänzte Aufl.). Berlin: Springer-Spektrum.

Hornsteiner, G. (2012). *Daten und Statistik. Eine praktische Einführung für den Bachelor in Psychologie und Sozialwissenschaften*. Berlin: Springer.

Mittag, H. J. (2014). *Statistik. Eine Einführung mit interaktiven Elementen* (3. überarbeitete und erweiterte Aufl.). Berlin: Springer Spektrum

Rasch, B., Friese, M., Hofmann, W., & Naumann, E. (2014). *Quantitative Methoden 1. Einführung in die Statistik für Psychologen und Sozialwissenschaftler* (4. Aufl.). Berlin: Springer

4

Hypothesen

5.1   Einleitung – 52

5.2   Arten von Hypothesen – 53

5.3   Fehlerarten – 55

5.4   Signifikanzaussagen – 56

5.5   Hypothesentests – Überblick – 59

5.6   Aufgaben zur Vertiefung – 60

5.7   Hinweise zur Bearbeitung von Aufgaben aus dem Band 2 – 60

Literatur – 61

© Springer-Verlag GmbH Deutschland, ein Teil von Springer Nature 2019
K. Witte, *Angewandte Statistik in der Bewegungswissenschaft (Band 3)*,
https://doi.org/10.1007/978-3-662-58360-9_5

5

Wie werden auf der Basis von Behauptungen, die die Grundgesamtheit betreffen, statistische Hypothesen aufgestellt, die es zu prüfen gilt? Welche Arten von Hypothesen gibt es überhaupt und welche Arten von Fehlern gilt es zu berücksichtigen? Weiterhin wird die Bedeutung von Signifikanzniveaus von statistischen Tests behandelt und gezeigt, wie der optimale Stichprobenumfang ermittelt wird. Zum Abschluss des Kapitels steht der allgemeine Ablauf eines Hypothesentests.

5.1 Einleitung

Im ▶ Kap. 4 zur Parameterschätzung sind wir so vorgegangen, dass von den empirischen Daten einer Stichprobe auf die Eigenschaften der Grundgesamtheit geschlossen wurde. Jetzt gehen wir den umgekehrten Weg, indem wir aus theoretischen Überlegungen Behauptungen über bestimmte Merkmale der Grundgesamtheit oder Population aufstellen. Die Richtigkeit dieser Behauptungen muss dann mit Hilfe von empirischen Untersuchungen an einer Stichprobe belegt oder widerlegt werden.

Beispiele für Behauptungen bezüglich einer Grundgesamtheit könnten sein:

- Die Reaktionsgeschwindigkeit auf optische Signale ist bei älteren Personen geringer als bei jungen Erwachsenen.
- Frauen verfügen über eine höhere Beweglichkeit als Männer.

Die Schwierigkeit der hierfür zu nutzenden Inferenzstatistik (Synonym für schließende Statistik) besteht darin, dass die Merkmale der Stichprobe Zufallsschwankungen unterliegen. So ist zu fragen, wie stark bspw. der Stichprobenmittelwert von dem zu erwartenden theoretischen Mittelwert der Grundgesamtheit abweichen darf, um die theoretische Behauptung zu bestätigen. Mit dieser Problematik wollen wir uns in den nächsten Abschnitten beschäftigen. Das Vorgehen lehnt sich u. a. an die Ausführungen von Bortz (1999), Hartmann und Lois (2015), Hornsteiner (2012), Pospeschill und Siegel (2018) sowie Kuckartz et al. (2013) an. Gegebenenfalls können in dieser Literatur weiterführende, insbesondere mathematische Erklärungen gefunden werden.

5.2 Arten von Hypothesen

Zunächst ist festzuhalten, dass Hypothesen über den aktuellen Erkenntnisstand einer Wissenschaft hinausgehen und damit theoriebildend sind. Dies betrifft insbesondere die Alternativhypothesen (oder auch Gegenhypothesen), die den aktuellen Wissensstand ergänzen sollen und damit innovative Aussagen beinhalten. Geprüft werden muss, ob durch diese Alternativhypothesen die realen Sachverhalte erklärt werden können. Eine derartige Alternativhypothese, mit der wir uns noch weiter beschäftigen wollen, könnte folgendermaßen lauten: Eine neue Trainingsmethode ist erfolgreicher als die herkömmliche Trainingsmethode.

Es gibt verschiedene Arten von Alternativhypothesen:

- Unterschiedshypothesen (z. B.: Vergleich verschiedener Trainingsmethoden, wie es das obige Beispiel zeigt)
- Zusammenhangshypothesen (z. B.: Ab dem 50. Lebensjahr nimmt mit zunehmendem Alter die Reaktionsgeschwindigkeit ab.)

Die Art der Hypothese bestimmt maßgeblich das Verfahren der Hypothesenprüfung. So können Unterschiedshypothesen durch Häufigkeits- und Mittelwertsvergleiche und Zusammenhangshypothesen durch Verfahren der Korrelationsanalyse getestet werden. Eine Übersicht über Art der Hypothesen, statistische Maße und anzuwendende Tests wird von Pospeschill und Siegel (2018) gegeben.

Weiterhin unterscheidet man zwischen gerichteten und ungerichteten Hypothesen. Eine ungerichtete Hypothese liegt vor, wenn irgendein Unterschied behauptet wird. Demzufolge spricht man von einer gerichteten Hypothese, wenn der Unterschied bewertet wird, also bspw. dass eine Intervention einen positiven Effekt auf bestimmte Fähigkeiten der Probanden hat. Analog unterscheidet man auch zwischen gerichteten und ungerichteten Zusammenhangshypothesen. Während die ungerichtete Zusammenhangshypothese einen Zusammenhang postuliert, nimmt die gerichtete Zusammenhangshypothese einen positiven bzw. negativen Zusammenhang an. Die ◘ Tab. 5.1 demonstriert diese verschiedenen Alternativhypothesen an zwei Beispielen.

Weiterhin unterscheidet man zwischen spezifischen und unspezifischen Hypothesen. Spezifische Hypothesen werden verwendet, wenn man eine Verbesserung näher quantifizieren möchte. In Bezug auf unsere Beispiele in ◘ Tab. 5.1, bei denen es sich um unspezifische Hypothesen handelt, könnten spezifische Hypothesen folgendermaßen lauten:

- Durch die neue Trainingsmethode kann die Maximalkraftfähigkeit um 25 % verbessert werden.
- Ab dem 50. Lebensjahr verringert sich die Reaktionsgeschwindigkeit nach jeder Lebensdekade um 10 %.

◘ Tab. 5.1 Beispiele für gerichtete (ungerichtete) Unterschieds- und Zusammenhangshypothesen

	Unterschiedshypothese	Zusammenhangshypothese
Gerichtete Hypothese	Die neue Trainingsmethode beeinflusst im Vergleich zur herkömmlichen das Leistungsniveau der Athleten positiv	Ab dem 50. Lebensjahr nimmt mit zunehmendem Alter die Reaktionsgeschwindigkeit ab
Ungerichtete Hypothese	Die neue Trainingsmethode verändert im Vergleich zur herkömmlichen das Leistungsniveau der Athleten	Ab dem 50. Lebensjahr verändert sich mit zunehmendem Alter die Reaktionsgeschwindigkeit

5

Die Verwendung spezifischer Hypothesen erfordert allerdings einen entsprechend ausreichenden Kenntnisstand.

Zur statistischen Überprüfung wissenschaftlicher Hypothesen müssen diese in sogenannte statistische Hypothesen überführt werden. Die statistische Alternativhypothese (H_1) sollte die inhaltliche Hypothese so genau wie möglich wiedergeben. In Bezug auf unser Beispiel zur Trainingsmethode (in ◘ Tab. 5.1) könnte die statistische Alternativhypothese folgendermaßen formuliert werden: Die mittlere Maximalkraft (μ_1) der Athleten, die nach der neuen Methode trainieren, ist größer als die der Athleten, die nach der herkömmlichen Methode trainieren (μ_0) Man schreibt auch: $H_1: \mu_0 < \mu_1$.

Stellen wir noch einmal fest, die Alternativhypothese ist die Hypothese, die es zu überprüfen gilt. Die Nullhypothese ist die hierzu konkurrierende Hypothese. Sie geht davon aus, dass die Alternativhypothese nicht zutrifft. Damit ist die Nullhypothese eine Negativhypothese, die behauptet, dass die zur Alternativhypothese komplementäre Aussage richtig ist. Für unser Beispiel bezüglich der neuen Trainingsmethode würde die Nullhypothese folgendermaßen zu formulieren sein: Die neue Trainingsmethode ist entweder genauso gut wie die herkömmliche Trainingsmethode oder sogar schlechter. Für eine ungerichtete Alternativhypothese würde die entsprechende Nullhypothese lauten: Die beiden Trainingsmethoden unterscheiden sich nicht.

Entsprechend lassen sich auch Nullhypothesen für Zusammenhangshypothesen aufstellen. Im ungerichteten Fall würde die Nullhypothese lauten: Zwischen den beiden Merkmalen besteht kein Zusammenhang. Für eine gerichtete Alternativhypothese lautet die Nullhypothese: Es besteht kein Zusammenhang zwischen den beiden Merkmalen oder der Zusammenhang ist sogar stärker positiv (negativ).

Die statistische Nullhypothese (H_0) folgt aus der statistischen Alternativhypothese (H_1), so dass sich folgende drei statistische Hypothesenpaare hinsichtlich von Unterschieds-hypothesen ergeben:

$H_1: \mu_0 > \mu_1$ mit $H_0: \mu_0 \leq \mu_1$
$H_1: \mu_0 < \mu_1$ mit $H_0: \mu_0 \geq \mu_1$
$H_1: \mu_0 \neq \mu_1$ mit $H_0: \mu_0 = \mu_1$

Analog verfährt man für Zusammenhangshypothesen.

5.3 Fehlerarten

Die Überprüfung der Hypothesen erfolgt mit Hilfe der Stich-probe. Damit ist aber nicht auszuschließen, dass das Ergebnis der Untersuchung auf Grund der Stichprobenauswahl nur zufällig die Alternativhypothese bestätigt, obwohl möglicherweise die Nullhypothese in Bezug auf die Grundgesamtheit wahr ist. Auch der gegenteilige Fall ist möglich. Diese Entscheidungssituation kann nach ◻ Tab. 5.2 systematisiert werden.

Damit lassen sich die beiden Fehlerarten in der statistischen Entscheidungstheorie definieren. Eine fälschliche Entscheidung zugunsten der Alternativhypothese wird als α-Fehler (Fehler erster Art) bezeichnet. Die fälschliche Entscheidung zugunsten der Nullhypothese wird durch den β-Fehler (Fehler zweiter Art) gekennzeichnet. Anders formuliert:

α-Fehler: H_1 wird in der Stichprobe bestätigt, aber H_0 gilt in der Population.

β-Fehler: H_0 wird in der Stichprobe bestätigt, aber H_1 gilt in der Population.

Wie beide Fehlerarten miteinander zusammenhängen, verdeutlicht ◻ Abb. 5.1.

Die Testentscheidung mit Hilfe der Prüfgröße $Z_{1-\alpha}$ kann im Diagramm der ◻ Abb. 5.1 nachvollzogen werden: links von $Z_{1-\alpha}$ wird H_0 beibehalten und H_1 verworfen, rechts von $Z_{1-\alpha}$ wird H_1 beibehalten und H_0 verworfen.

◻ **Tab. 5.2** Fehlerarten auf Grund der Entscheidungen in der Stich-probe und der Grundgesamtheit. (Mod. nach Bortz 1999; Hornsteiner 2012)

		In der Population gilt	
		H_0	H_1
Entscheidung auf Grund der Stich-probe zugunsten von	H_0	Richtige Ent-scheidung	β-Fehler
	H_1	α-Fehler	Richtige Entscheidung

5

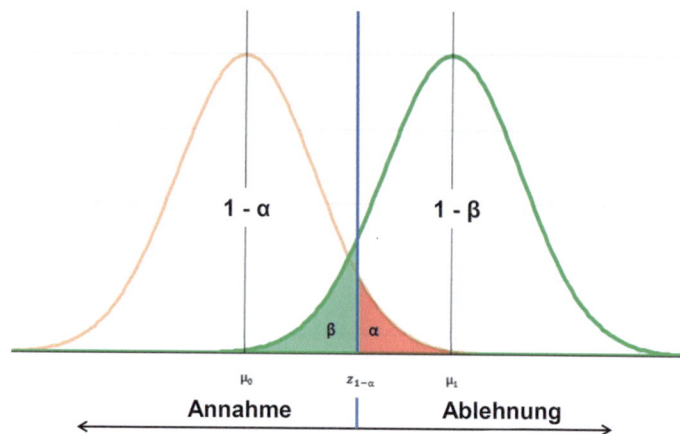

$$1 - \alpha \qquad 1 - \beta$$

$$\beta \quad \alpha$$

$$\mu_0 \qquad z_{1-\alpha} \qquad \mu_1$$

Annahme   **Ablehnung**

■ **Abb. 5.1** Zusammenhang zwischen α-Fehler und β-Fehler beim Vergleich zweier Grundgesamtheiten. Wird der kritische Fehler $Z_{1-\alpha}$ nach rechts
verschoben, bedeutet dies, dass sich α verkleinert und β vergrößert

5.4 Signifikanzaussagen

Auf der Grundlage der vorherigen Überlegungen ist davon auszugehen, dass das Ergebnis an Hand unserer Stichprobe zufällig
ist. Da meist die Populationsverhältnisse nicht bekannt sind,
muss zur Bewertung der Güte der Entscheidung die Wahrscheinlichkeit eines α-Fehlers (bzw. β-Fehlers) ermittelt werden.

Die α-Wahrscheinlichkeit wird auch als Irrtumswahrscheinlichkeit bezeichnet und ist die Wahrscheinlichkeit, mit
der die Nullhypothese eintreten kann, wenn jedoch die Alternativhypothese für die Stichprobe bestätigt wurde. Die Größe
der Irrtumswahrscheinlichkeit wird mit P (für die prozentuale
Angabe) oder mit p (für die relative Angabe) bezeichnet. In vielen Wissenschaftsdisziplinen ist es üblich, die Nullhypothese erst
dann zu verwerfen, wenn die Irrtumswahrscheinlichkeit kleiner
oder gleich 5 % ist. Um dies zu kennzeichnen, gibt man in der
Ergebnisdarstellung seiner Untersuchungen die sogenannten
Signifikanzniveaus an, die die Qualität der abgesicherten Entscheidung ausdrücken (vgl. ■ Tab. 5.3).

In manchen Fällen ist es auch üblich, einen sogenannten
Trend anzugeben, der bei einer Irrtumswahrscheinlichkeit von
$P \leq 10\,\%$ ($p \leq 0{,}1$) liegt (s. ■ Tab. 5.3). Das betrifft insbesondere
innovative Forschungsgebiete, in denen kaum Erfahrungen und
damit gesichertes Wissen vorliegen.

Liegt das Signifikanzniveau bei $p > 0{,}05$, ist das Ergebnis also
nicht signifikant (n. s.). Daraus ist aber nicht zu schlussfolgern,
dass die Nullhypothese richtig ist.

Für die Überprüfung von gerichteten und ungerichteten
Hypothesen werden ein- und zweiseitige Tests durchgeführt.

◼ **Tab. 5.3** Irrtumswahrscheinlichkeit und Signifikanzniveau

Irrtumswahr-scheinlichkeit $P \leq 10\%$	$p \leq 0{,}1$	Ergebnis ist tendenziell signifikant	#
Irrtumswahr-scheinlichkeit $P \leq 5\%$	$p \leq 0{,}05$	Ergebnis ist signifikant	*
Irrtumswahr-scheinlichkeit $P \leq 1\%$	$p \leq 0{,}01$	Ergebnis ist sehr signifikant	**
Irrtumswahr-scheinlichkeit $P \leq 0{,}1\%$	$p \leq 0{,}001$	Ergebnis ist höchst signifikant	***

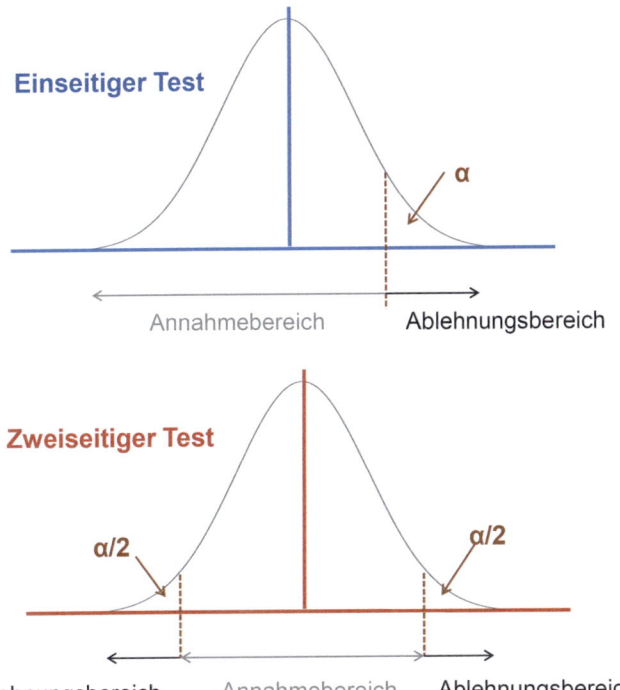

◼ **Abb. 5.2** Veranschaulichung eines ein- und zweiseitigen Tests mit den Annahme- und Ablehnungsbereichen der Alternativhypothese

Dabei dienen einseitige Tests der Überprüfung von gerichteten Hypothesen und zweiseitige Tests der von ungerichteten Hypothesen. Beachten Sie, dass sich beim zweiseitigen Test der Ablehnungsbereich auf beiden Seiten befindet und jeweils mit $\alpha/2$ angegeben wird (vgl. ◼ Abb. 5.2).

Bleiben wir bei dem eingangs geschilderten Beispiel der Einführung einer neuen Trainingsmethode. Nun hat sich nach der statistischen Untersuchung herausgestellt, dass die neue Trainingsmethode besser ist als die herkömmliche. Für die praktische

Bedeutsamkeit ist es aber auch wichtig herauszufinden, wie groß denn die Leistungsverbesserung ist. Danach könnte entschieden werden, ob der Aufwand gerechtfertigt ist, die neue Methode einzuführen. Hierzu nutzt man die Effektgröße.

Die Effektgröße ε also dazu festzustellen, wie stark μ_1 (Mittelwert der Leistung der Grundgesamtheit oder Population, die nach der neuen Methode trainiert hat) von μ_2 (Mittelwert der Leistung der Population, die nicht nach der neuen Methode trainiert hat) abweicht. Zur Relativierung wird die Streuung σ in der Grundgesamtheit herangezogen. Somit ergibt sich die Effektgröße ε zu:

$$\varepsilon = \frac{\mu_1 - \mu_2}{\sigma} \tag{5.1}$$

Es sind verschiedene Berechnungsmethoden der Effektgröße bekannt. Oft wird der Cohens d verwendet. Unter der Voraussetzung, dass beide Gruppen den gleichen Umfang, aber unterschiedliche Varianzen haben, ergibt sich der Cohens d aus den beiden Mittelwerten und Varianzen der Stichproben zu:

$$d = \frac{\bar{x}_1 - \bar{x}_2}{\sqrt{(s_1^2 + s_2^2)/2}} \tag{5.2}$$

Für die empirische Forschung bedeutet die Abschätzung des Effektes, dass man sich intensiv mit den Inhalten auseinandersetzen muss, um ε einschätzen zu können. Die Effektgröße hilft aber auch, den Stichprobenumfang zu ermitteln.

Umgekehrt kann man nach der statistischen Analyse bei gegebenem α-Fehler, Effektgröße und Stichprobenumfang die Teststärke $(1 - \beta)$ berechnen. Die Teststärke gibt Auskunft darüber, mit welcher Wahrscheinlichkeit ein Signifikanztest zugunsten einer spezifischen Alternativhypothese entscheidet. Die Teststärke wird größer, wenn der Stichprobenumfang wächst, und nimmt mit wachsender Merkmalsstreuung ab.

Wie ist nun der Stichprobenumfang zu wählen? Zunächst ist festzustellen, dass der Stichprobenumfang dann optimal ist, wenn er bei gegebenen α, β und ε eine eindeutige Entscheidung über die Gültigkeit von H_0 bzw. H_1 zulässt. Nach Bortz (1999) berechnet sich der optimale Stichprobenumfang (n) unter der Voraussetzung, dass das Merkmal in beiden Stichproben gleichermaßen verteilt ist und sich diese nur in den Mittelwerten unterscheiden, zu:

$$n = \frac{\left(z_{1-\alpha} - z_\beta\right)^2}{\varepsilon^2} \tag{5.3}$$

Versuchen wir die Vorgehensweise an einem Beispiel zu demonstrieren. In einem Test mit verschiedenen Aufgaben erreichten die Teilnehmer der betrachteten Interventionsgruppe im Mittel

145 Punkte. Die Teilnehmer der Kontrollgruppe erreichten durchschnittliche 141 Punkte. Die Streuungen wurden zu $s_1 = s_2 = 10$. ermittelt. Damit ergibt sich d nach ▶ Gl. 5.2 zu:

$$d = \frac{145 - 141}{10} = 0,4 \qquad (5.4)$$

Wir nehmen die allgemeine Irrtumswahrscheinlichkeit von 5 % und einen β-Fehler von 20 % an, da es allgemein üblich ist, β als Vierfaches von α zu wählen. Daraus ergibt sich zunächst $1 - \beta = 80$ %. Wir können also mit unserer Studie mit einer Wahrscheinlichkeit von 80 % die tatsächlich höhere Testleistung der Interventionsgruppe aufklären. Berechnen wir nun den optimalen Stichprobenumfang mit Hilfe der aus der Tabelle für Verteilungsfunktion der Standardnormalverteilung entnommenen z-Werten und ▶ Gl. 5.3:

$$n = \frac{(1,65 - (-0,84))^2}{0,4^2} = 38,75 \qquad (5.5)$$

Wird also eine Stichprobe von jeweils 39 Probanden untersucht, so kann auf der Basis des 5 %-Signifikanzniveaus eindeutig zwischen H_0 und H_1 entschieden werden.

Für derartige Abschätzungen des Stichprobenumfangs vor der eigentlichen Untersuchung werden oft sogenannte Poweranalysen (Programmtool GPower) angewendet.

Inhaltlich bedeutsamer als Signifikanztests ist die Frage nach der absoluten Differenz zwischen dem Stichprobenmittelwert und dem Mittelwert der Grundgesamtheit (Kuckartz et al. 2013).

Bei der nachfolgenden Behandlung der einzelnen statistischen Verfahren gehen wir auf die jeweilige Bestimmung des Stichprobenumfangs ein.

5.5 Hypothesentests – Überblick

Hypothesentests lassen sich auf der Grundlage eines Sieben-Punkte-Schemas nach Hartmann und Lois (2015) durchführen:
- Aufstellung der Forschungsfrage
- Formulierung von Null- und Alternativhypothese
- Entscheidung für einen geeigneten statistischen Test
- Festlegen des Signifikanzniveaus (zum Beispiel 0,05)
- Durchführen der statistischen Testanalyse: Berechnung des p-Wertes
- Statistische Entscheidung, zum Beispiel:
  - $p < 0,05 \Rightarrow$ Verwerfen der Nullhypothese und Annehmen der Alternativhypothese
  - $p \geq 0,05 \Rightarrow$ Beibehalten der Nullhypothese
- Interpretation des Testergebnisses

Die Entscheidung für einen statistischen Test erfolgt auf der Grundlage der wissenschaftlichen Fragestellung, der Datenstruktur und des Studiendesigns. Mit der Formulierung der Fragestellung wird auch die Zielgröße (Endpunkt) festgelegt. Vor der Datenerhebung – und damit natürlich auch vor der Wahl des statistischen Tests – müssen die Fragestellung und die Nullhypothese formuliert werden. Um sich für einen statistischen Test zu entscheiden, müssen Stichprobe bzw. Grundgesamtheit näher bekannt sein. Dazu ist bspw. auch ein Test auf Normalverteilung der jeweiligen Merkmalsträger wichtig. Eventuell ist eine z-Transformation der Daten notwendig. Test und Signifikanzniveau sind vor Studiendurchführung festzulegen.

Für die Wahl des geeigneten statistischen Tests sind zwei Kriterien entscheidend: Skalenniveau der Zielgröße und die Art des Studiendesigns in Bezug auf eine einzelne Stichprobe oder verbundene bzw. nicht verbundene Stichproben. Im letzten Punkt (Interpretation des Testergebnisses) ist insbesondere die Forschungsfrage zu beantworten.

5.6   Aufgaben zur Vertiefung

1. Wie lauten die statistischen Alternativhypothesen und Nullhypothesen für Zusammenhangshypothesen? Schreiben Sie die drei Hypothesenpaare auf.
2. Finden Sie Beispiele für α-Fehler und β-Fehler.

5.7   Hinweise zur Bearbeitung von Aufgaben aus dem Band 2

■ **Kap. 2/Untersuchung 4: Einfluss von Schuhkonzepten auf das Gangbild**
– Betrachten bzw. bearbeiten Sie beide Hypothesen separat.
– Gehen Sie nach dem Sieben-Punkte-Schema (▶ Abschn. 5.5) vor.
– Überlegen Sie, mit welchen biomechanischen Größen Sie arbeiten wollen und stellen Sie hierfür die jeweiligen statistischen Alternativhypothesen und Nullhypothesen in Satzform und in Kurzform (▶ Abschn. 5.2) auf. Entscheiden Sie sich für gerichtete bzw. ungerichtete Hypothesen.
– Welche statistischen Verfahren sind sinnvoll anzuwenden? Gegebenenfalls verschieben Sie dieses Problem und beschäftigen sich zunächst mit den verschiedenen Verfahren der Inferenzstatistik in den nachfolgenden Kapiteln, damit Sie sich entscheiden können, ob es sich um verbundene oder nicht verbundene Stichproben handelt.

- Sie haben mehrere Varianten des Untersuchungsdesigns zur Verfügung: a) Untersuchung an einem Probanden mit Mittelwertsbildung über mindestens 10–20 Schritte oder b) Untersuchung von mehreren Probanden (mindestens 10), allerdings auch mit jeweils mindestens 10 Schritten. Bei der zweiten Variante wird der Mittelwert für jeden einzelnen Probanden verwendet.
- Verwenden Sie das Signifikanzniveau $p < 0{,}05$.

■ **Kap. 3/Untersuchung 1: Bewegungsvariabilität in Abhängigkeit von der Händigkeit**

- Gehen Sie nach dem Sieben-Punkte-Schema (▶ Abschn. 5.5) vor.
- Stellen Sie die statistischen Hypothesen auf. Beachten Sie, dass die Bewegungsvariabilität in dieser Studie die statistisch zu untersuchende Größe darstellt.
- Wenn Sie mehrere Probanden untersuchen, sollten Sie die Bewegungsvariabilität (bevorzugte Hand bzw. nicht bevorzugte Hand) wiederum als Mittelwert über die 15 Einzelwerte auffassen.
- Protokollieren Sie die Händigkeit der Probanden. Stellen Sie zwei Gruppen auf: Gruppe 1: Bewegungsvariabilität der bevorzugten Hand, Gruppe 2: Bewegungsvariabilität der nicht bevorzugten Hand.
- Begründen Sie, warum es sich hierbei um verbundene Stichproben handelt.
- Verwenden Sie das Signifikanzniveau $p < 0{,}05$.

■ **Kap. 3/Untersuchung 2: Bewegungsvariabilität in Abhängigkeit von der Bewegungsgeschwindigkeit**

- Da es bei dieser Aufgabe um den Zusammenhang zwischen Bewegungsvariabilität und Geschwindigkeit geht, müssen Sie eine Zusammenhangshypothese aufstellen. Vorher sollten Sie Ihre empirisch ermittelten Daten in einem Diagramm grafisch darstellen und daraus die Hypothesen ableiten.
- Gehen Sie wiederum nach dem Sieben-Punkte-Schema (▶ Abschn. 5.5) vor.
- Entscheiden Sie eventuell erst später, welches statistische Verfahren Sie anwenden können.

Literatur

Bortz, J. (1999). *Statistik für Sozialwissenschaftler*. Berlin: Springer.
Hartmann, F. G., & Lois, D. (2015). *Hypothesen testen. Eine Einführung für Bachelorstudierende sozialwissenschaftlicher Fächer*. Wiesbaden: Springer Fachmedien.

Hornsteiner, G. (2012). *Daten und Statistik. Eine praktische Einführung für den Bachelor in Psychologie und Sozialwissenschaften*. Berlin: Springer.

Kuckartz, U., Rädiker, S., Ebert, T., & Schehl, J. (2013). *Statistik. Eine verständliche Erklärung*. Wiesbaden: Springer Fachmedien.

Pospeschill, M., & Siegel, R. (2018). *Methoden für die klinische Forschung und diagnostische Praxis. Ein Praxisbuch für die Datenauswertung kleiner Stichproben*. Berlin: Springer. ▶ https://doi.org/10.1007/978-3-662-54726-7.

5

Statistische Verfahren zur Überprüfung von Unterschiedshypothesen bei zwei Stichproben

6.1   Einleitung und Übersicht – 64

6.2   t-Test für den Vergleich zweier Mittelwerte aus
       unabhängigen und abhängigen Stichproben – 66
6.2.1 Unabhängige Stichproben – 66
6.2.2 Abhängige Stichproben – 67
6.2.3 F-Test zum Vergleich zweier Stichprobenvarianzen – 68

6.3   Verfahren für Ordinaldaten – 69
6.3.1 U-Test von Mann-Whitney – 69
6.3.2 Wilcoxon-Test für zwei abhängige Stichproben – 71

6.4   Verfahren für Nominaldaten – 72
6.4.1 Chi-Quadrat-Test für unabhängige Stichproben – 72
6.4.2 Vierfelder-Kontingenztafel – 74
6.4.3 McNemar-Test – 76

6.5   Hinweise für Mittelwertvergleiche bei der Verwendung
       von IBM Statistics SPSS 25 – 77

6.6   Aufgaben zur Vertiefung – 77

6.7   Hinweise zur Bearbeitung von Aufgaben aus
       dem Band 2 – 78

       Literatur – 78

© Springer-Verlag GmbH Deutschland, ein Teil von Springer Nature 2019
K. Witte, *Angewandte Statistik in der Bewegungswissenschaft (Band 3)*,
https://doi.org/10.1007/978-3-662-58360-9_6

6

Wie kann herausgefunden werden, ob zwei Stichproben mit ähnlichem Mittelwert einer Grundgesamtheit angehören? Dieses Problem stellt sich für viele Studien. So werden bspw. zwei Gruppen hinsichtlich ihrer sportmotorischen Leistungsfähigkeit untersucht oder es interessiert, ob eine Trainingsintervention erfolgreich ist. Für das Testen der hierzu aufgestellten Null- und Alternativhypothesen gibt es verschiedene statistische Verfahren mit unterschiedlichen Voraussetzungen. Das Kapitel gibt hierzu eine Übersicht, um das jeweils richtige Verfahren zu finden. Die Erläuterungen mit praktischen Beispielen und einigen mathematischen Gleichungen sollen helfen, die Vorgehensweise zu verstehen und die Methoden richtig anzuwenden, ohne dass höhere mathematische Kenntnisse vorausgesetzt werden.

6.1 Einleitung und Übersicht

Stellen wir uns vor, wir wollen feststellen, ob sich zwei Gruppen hinsichtlich ihres Mittelwertes eines Merkmals signifikant voneinander unterscheiden. Schematisch könnte man diese Problemstellung entsprechend der ◘ Abb. 6.1 darstellen. Für beide Gruppen kann der arithmetische Mittelwert berechnet werden.

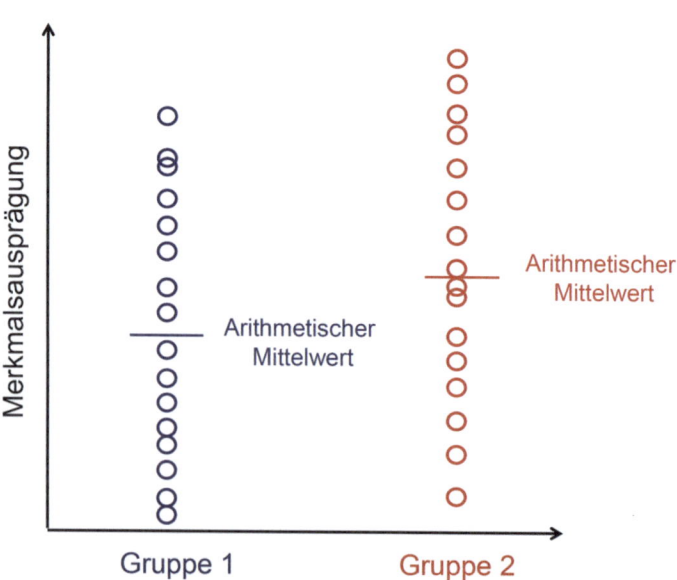

◘ **Abb. 6.1**   Schematische Darstellung der Merkmalsverteilung zweier Gruppen

Dabei erhält man zwar unterschiedliche Werte. Aber unterscheiden sich die beiden Gruppen wirklich signifikant hinsichtlich ihres Mittelwertes? Betrachtet man die Streuung der Einzelwerte, scheint diese Entscheidung nicht einfach zu sein.

Wo findet diese Problemstellung generell Anwendung? Beispielsweise kann mit entsprechenden Verfahren festgestellt werden, ob der Mittelwert einer Stichprobe mit dem Mittelwert der zugrunde gelegten Population übereinstimmt (Bortz 1999). Wir möchten uns aber meist mit dem Fall beschäftigen, dass wir zwei Stichproben betrachten und wissen wollen, ob sie aus zwei Grundgesamtheiten oder aus einer Grundgesamtheit stammen. Je nachdem wie das interessierende Merkmal skaliert ist und ob die beiden Stichproben voneinander abhängig oder unabhängig sind, müssen unterschiedliche statistische Verfahren eingesetzt werden (siehe ◘ Tab. 6.1), die nachfolgend behandelt werden sollen. In der ersten Spalte ist erkennbar, dass generell zwischen parameterfreien und parametrischen Verfahren unterschieden wird. Für parametrische Verfahren ist die Intervallskalierung Voraussetzung. Sie schätzen die Populationsparameter mittels statistischer Kennwerte (zum Beispiel: arithmetischer Mittelwert oder der Varianz) (Rasch et al. 2014).

Wie wir in weiteren Kapiteln dieses Buches sehen werden, gibt es auch Verfahren, die auf mehr als 2 Stichproben anwendbar sind.

Die nachfolgenden Ausführungen basieren auf Bortz (1999), Rasch et al. (2014) und Kuckartz et al. (2013). Diese Literatur wird auch für das vertiefende und weiterführende Studium empfohlen.

◘ **Tab. 6.1** Übersicht über statistische Verfahren zur Überprüfung von Unterschiedshypothesen bei zwei Stichproben

Verfahren	Skala	2 Stichproben	
		Unabhängig	Abhängig
Parameterfrei	Nominal	Chi-Quadrat-Test	McNemar-Test, Vorzeichentest
Parameterfrei	Ordinal	Mann-Whitney-Test (U-Test)	Wilcoxon-Test
Parametrisch	Intervall	t-Test (nicht verbunden)	t-Test (verbunden)

6.2 t-Test für den Vergleich zweier Mittelwerte aus unabhängigen und abhängigen Stichproben

6.2.1 Unabhängige Stichproben

Der t-Test zweier unabhängiger und damit nicht verbundener Stichproben überprüft die Nullhypothese, dass die beiden Stichproben aus zwei Grundgesamtheiten (Populationen) stammen, deren Mittelwerte μ_1 und μ_2 gleich sind:

$$H_0: \mu_1 - \mu_2 = 0$$

Daraus ergibt sich die ungerichtete Alternativhypothese zu:

$$H_1: \mu_1 - \mu_2 \neq 0$$

Zur Lösung dieser Aufgabe wird der sogenannte t-Wert als ein standardisiertes Maß für eine Mittelwertsdifferenz verwendet. Der t-Wert berechnet sich als Quotient aus der Differenz zwischen der empirischen Mittelwertsdifferenz und der theoretischen Mittelwertsdifferenz und dem geschätzten Standardfehler der Mittelwertsdifferenz:

$$t = \frac{(\bar{x}_1 - \bar{x}_2) - (\bar{\mu}_1 - \bar{\mu}_2)}{\hat{\sigma}_{(\bar{x}_1 - \bar{x}_2)}} \tag{6.1}$$

Unter Beachtung der theoretischen Mittelwertsdifferenz bei der Nullhypothese ($\mu_1 - \mu_2 = 0$) vereinfacht sich die ▶ Gl. 6.1 zu:

$$t = \frac{(\bar{x}_1 - \bar{x}_2)}{\hat{\sigma}_{(\bar{x}_1 - \bar{x}_2)}} \tag{6.2}$$

Diese Zufallsvariable t ist für kleine Stichprobenumfänge n_1 und n_2 ($n_1 + n_2 < 50$) t-verteilt und für größere Stichproben angenähert normalverteilt. Dies ist bei der manuellen Anwendung des t-Tests zu berücksichtigen. Allgemein müssen folgende Voraussetzungen für die Anwendung des t-Tests erfüllt sein:

- Intervallskalierung des Merkmals
- Normalverteilung des Merkmals in der Grundgesamtheit
- Varianzhomogenität: Die Populationsvarianzen, aus denen die beiden Stichproben stammen, sind gleich

Allerdings konnte man feststellen, dass der t-Test auch dann noch anwendbar ist, wenn die Voraussetzungen verletzt sind. Man sagt, dass der t-Test relativ robust ist. Wichtig ist, dass beide Stichprobenumfänge annähernd gleich und nicht zu klein sind. Wie die Daten auf Normalverteilung geprüft werden können, haben wir bereits im ► Abschn. 3.3.3 besprochen. Wichtig ist die Prüfung der Gleichheit der Varianzen durch den Levene-Test. Sind die Varianzen signifikant voneinander verschieden, ist eine Korrektur der Freiheitsgrade (*df*) erforderlich. Viele Statistik-Software-Pakete, wie IBM Statistics SPSS 25 liefert diese Korrektur automatisch (Brosius 2018).

Für die Durchführung einer empirischen Studie mit einem eindeutig interpretierbaren t-Test müssen α- und β-Fehler ausreichend klein sein. Damit darf der Stichprobenumfang ebenfalls nicht zu klein sein. Zu große Stichproben führen allerdings nur zu schwachen Effekten (Rasch et al. 2014). Wie geht man nun bei der Planung der Studie vor, um den „optimalen" Stichprobenumfang zu ermitteln? Eine solche Stichprobenumfangsplanung erfordert die Festlegung eines Signifikanzniveaus, der gewünschten Teststärke und eines inhaltlich bedeutsamen Effekts (vgl. ► Kap. 5).

Gehen wir von den üblichen Werten $\alpha = 0{,}05$ und $1 - \beta = 0{,}80$ aus, ergibt sich auf der Grundlage von ► Gl. 5.3 und der Gleichung

$$\varepsilon = \frac{\mu_1 - \mu_2}{\hat{\sigma}} \text{ für } \mu_1 > \mu_2 \tag{6.3}$$

für einen starken Effekt ($\varepsilon = 0{,}80$) der optimale Stichprobenumfang $n_{1(\text{opt})} = n_{2(\text{opt})} = 20$.

6.2.2 Abhängige Stichproben

Beim t-Test für zwei abhängige Stichproben werden Stichproben miteinander verglichen, deren Elemente jeweils paarweise einander zugeordnet sind. So findet man auch oft die Bezeichnung paarweise verbundene Stichproben und in Bezug zum Test gepaarter t-Test. Dies können einerseits parallelisierte Stichproben (matched samples), wie bspw. Gruppen, die sich hinsichtlich einer Störgröße nicht voneinander unterscheiden (z. B. Umweltbedingung), sein. Hierzu zählen Zwillingspaare, Ehepaare, Eltern-Kind-Paare usw. Andererseits werden häufig an einer Stichprobe zwei Messungen durchgeführt (Messwiederholung), um bspw. den Einfluss einer Intervention auf ein Merkmal zu untersuchen. Hierzu zählen auch Reliabilitätsuntersuchungen zur Überprüfung von Hauptgütekriterien eines Tests.

Bei abhängigen Stichproben werden die beiden Messreihen nicht unabhängig einzeln voneinander betrachtet, sondern nur die Messwertpaare bzw. deren Differenzen Δ_i:

$$\Delta_i = x_{i1} - x_{i2}$$

Damit ergibt sich für den t-Wert:

$$t = \frac{\bar{x}_\Delta - \mu_{d\Delta}}{\hat{\sigma}_{\bar{x}_\Delta}} \tag{6.4}$$

und bei Überprüfung der Nullhypothese H_0: $\mu_\Delta = 0$ die Vereinfachung als Quotient aus dem Mittelwert der Differenzen und dem Erwartungswert des Differenzmittelwerts:

$$t = \frac{\bar{x}_\Delta}{\hat{\sigma}\,\bar{x}_\Delta} \tag{6.5}$$

Für kleinere Stichproben ($n < 30$) ist für die Anwendung des t-Tests vorauszusetzen, dass die Differenzen in der Grundgesamtheit normalverteilt sind. Dies gilt als erfüllt bei annähernder Normalverteilung der Differenzen in der Stichprobe (Bortz 1999).

Für die Bestimmung des optimalen Stichprobenumfangs benötigt man wieder die Effektstärke. Diese ist ähnlich der für unabhängige Stichproben, enthält jedoch die Produkt-Moment-Korrelation r zwischen den beiden Messreihen. Näheres wird im nachfolgenden ▶ Kap. 7 besprochen. Die Effektgröße ε berechnet sich zu:

$$\varepsilon = \frac{\mu_1 - \mu_2}{\hat{\sigma} \cdot \sqrt{1 - r}} \tag{6.6}$$

Nehmen wir $r = 0{,}5$ und einen starken Effekt ($\varepsilon = 0{,}80$) an, ergibt sich der optimale Stichprobenumfang zu $n_{\text{opt}} = 11$. Weitere Beispiele sind bei Bortz (1999) zu finden.

6.2.3 F-Test zum Vergleich zweier Stichprobenvarianzen

Die Varianzhomogenität ist eine Voraussetzung für die Anwendbarkeit des t-Tests bei unabhängigen Stichproben. Für den Nachweis wird der F-Test genutzt. Er überprüft die Nullhypothese, dass die beiden zu vergleichenden Stichproben aus einer Grundgesamtheit mit gleicher Varianz kommen:

$$H_0: \sigma_1^2 = \sigma_2^2$$

F ist folgendermaßen definiert und kann wegen H_0 und unter Zuhilfenahme der Schätzwerte vereinfacht werden:

$$F = \frac{\sigma_1^2 / \sigma_1^2}{\sigma_2^2 / \sigma_2^2} = \frac{\sigma_1^2}{\sigma_2^2} \tag{6.7}$$

Allgemein ist die Prüfgröße F mit den Zählerfreiheitsgraden ($df = n_1 - 1$) und den Nennerfreiheitsgraden ($df = n_2 - 1$) folgendermaßen festgelegt:

$$F_{(n_1-1),(n_2-1)} = \frac{\chi^2_{n_1-1} \big/ (n_1 - 1)}{\chi^2_{n_2-1} \big/ (n_2 - 1)} \qquad (6.8)$$

Der F-Test setzt wiederum Normalverteilung voraus und der F-Wert wird von vielen Statistik-Software-Programmen (z. B. IBM Statistics SPSS 25) mit angegeben.

6.3 Verfahren für Ordinaldaten

Entsprechend der ◘ Tab. 6.1 müssen für ordinalskalierte Daten parameterfreie Verfahren eingesetzt werden. Diese werden genutzt, wenn es sich bspw. um Rangreihen, kleine Stichproben oder Stichproben ohne Normalverteilung handelt. Diesbezüglich sollte nicht von arithmetischen Mittelwerten gesprochen werden, da es diese nur bei intervallskalierten Daten gibt. Es geht also hier strenggenommen nicht um einen Mittelwertsvergleich, sondern um Vergleiche hinsichtlich der zentralen Tendenz (► Abschn. 2.4).

Auch hier unterscheidet man zwischen unabhängigen und abhängigen Stichproben.

6.3.1 U-Test von Mann-Whitney

Für unabhängige Stichproben wird der U-Test von Mann-Whitney, oft auch als Mann-Whitney-U-Test bezeichnet, eingesetzt. Der U-Test prüft also, ob es Unterschiede hinsichtlich der zentralen Tendenz (► Abschn. 2.4) eines Merkmals zwischen zwei unabhängigen Gruppen gibt. Dabei werden die einzelnen Messwerte mit Rängen versehen und die Daten entsprechend der Ränge geordnet. Die Berechnung im Rahmen des U-Tests beruht damit nicht auf den eigentlichen Daten, sondern auf den Rangplätzen. Somit werden absolute Abstände zwischen den Daten nicht berücksichtigt.

Veranschaulichen wir uns die Vorgehensweise an einem Beispiel. Mit dem Einfachreaktionstest S1 des Wiener Testsystems wurden Reaktionszeiten in Bezug auf ein optisches Signal gemessen. Es sollte überprüft werden, ob Jugendliche, die Kampfsport betreiben, kürzere Reaktionszeiten erzielen als Jugendliche, die nicht regelmäßig Sport treiben. Da die Anzahl der Probanden relativ klein ist, wird statt eines t-Tests der U-Test

6

☐ **Tab. 6.2** Aufbereitete Tabelle für den U-Test (Beispiel Reaktionszeiten)

Gruppe 1: Jugendliche mit Kampfsport			Gruppe 2: Jugendliche ohne Sport		
Nr.	Reaktionszeit (ms)	Rang	Nr.	Reaktionszeit (ms)	Rang
1.	207,00	3	11.	243,00	12
2.	215,00	6	12.	295,00	20
3.	264,00	15	13.	294,00	19
4.	201,00	2	14.	247,00	13
5.	228,00	9	15.	231,00	10
6.	238,00	11	16.	277,00	16
7.	212,00	4	17.	279,00	18
8.	222,00	8	18.	278,00	17
9.	197,00	1	19.	221,00	7
10.	214,00	5	20.	254,00	14
Mittlere Reaktionszeit ± Standardabweichung (ms)	219,8 ± 19,75		Mittlere Reaktionszeit ± Standardabweichung (ms)	261,9 ± 26,19	
Rangsumme R_1	64		Rangsumme R_2	146	
Mittlerer Rang	6,4		Mittlerer Rang	14,6	

angewendet. Zunächst wird eine Tabelle (■ Tab. 6.2) entwickelt, die die Rangplätze enthält. Diese werden auf der Basis einer gemeinsamen Rangreihe aller 20 Messpunkte gebildet. Im nächsten Schritt werden die Rangsummen R_1 und R_2 beider Gruppen ermittelt.

Danach sind die Prüfgrößen U_1 und U_2 zu berechnen:

$$U_1 = n_1 \cdot n_2 + \frac{n_1 \cdot (n_1 + 1)}{2} - R_1 = 91 \tag{6.9}$$

$$U_2 = n_1 \cdot n_2 + \frac{n_2 \cdot (n_2 + 1)}{2} - R_2 = 9 \tag{6.10}$$

Der kleinere U-Wert wird zum Signifikanztest genutzt. In unserem Fall beträgt $\min(U) = \min(U_1, U_2) = 9$. Dieser Wert wird nun mit dem kritischen Wert verglichen, der in entsprechenden Tabellen, die sich für ein- und zweiseitige Tests und angenommene Irrtumswahrscheinlichkeiten unterscheiden, aufgelistet ist (Bortz 1999). Für unser Beispiel testen wir einseitig, nehmen $\alpha = 0,05$ an und finden für $n_1 = n_2 = 10$ den kritischen U-Wert von $U_{krit} = 27$. Da nicht gilt $U_2 > U_{krit}$, muss die Nullhypothese verworfen und die Alternativhypothese angenommen werden. Diese Untersuchung mit einer kleinen Stichprobe konnte also zeigen, dass die Jugendlichen mit regelmäßigem Kampfsporttraining signifikant über kürzere Einfachreaktionszeiten verfügen als Jugendliche ohne regelmäßiges Training. Daraus kann aber nicht geschlussfolgert werden, dass durch Kampfsporttraining die Einfachreaktionszeit verkürzt wird.

6.3.2 Wilcoxon-Test für zwei abhängige Stichproben

Nun könnte man sich die Frage stellen, ob vielleicht ein spezielles Reaktionstraining zu einer Verbesserung der Reaktionsfähigkeit führen würde. Diese wurde mit 8 Probanden der Gruppe 1 durchgeführt. Entsprechend ergibt sich die ■ Tab. 6.3 als Datenaufbereitung für die Anwendung des Wilcoxon-Tests. Die Differenzen der Reaktionszeiten Δ_i aus beiden Tests wurden für jeden Probanden berechnet und wieder Rangplätze vergeben.

Es erfolgt nun die Aufsummierung der Rangplätze, getrennt nach den häufig und selten vorkommenden Vorzeichen. Paare mit der Differenz 0 werden nicht berücksichtigt. Je mehr sich T^+ und T^- voneinander unterscheiden, desto unwahrscheinlicher ist es, dass die Nullhypothese gilt. Im vorliegenden Fall scheint dies so zu sein. Eine entsprechende Tabelle für kritische T-Werte ist bspw. bei Bortz (1999) zu finden. Für $n = 8$, $\alpha = 0,01$ und einseitiger Fragestellung erhält man den kritischen Wert

6

◼ **Tab. 6.3**   Aufbereitete Tabelle für den Wilcoxon-Test (Beispiel: Einfluss eines Reaktionstrainings auf Reaktionszeiten). Die in der letzten Spalte mit (−) gekennzeichneten Rangplätze markieren die selteneren Vorzeichen, in diesem Fall die Differenzen mit negativem Vorzeichen (Fälle, bei denen sich die Reaktionszeiten vergrößerten). T^+: Summe der Rangplätze von Paardifferenzen mit dem häufigeren Vorzeichen (+),T^-: Summe der Rangplätze von Paardifferenzen mit dem selteneren Vorzeichen (−)

Nr.	Reaktionszeit vorher (ms)	Reaktionszeit nachher (ms)	Differenz Δ_i (ms)	Rangplatz von $|\Delta_i|$
1.	207	210	−3	3 (−)
2.	215	214	1	1
3.	264	232	32	8
4.	278	248	30	7
5.	228	207	21	5
6.	254	232	22	6
7.	212	234	−20	4 (−)
8.	222	224	−2	2 (−)
				$T^+ = 27$
				$T^- = 9$

$T_{krit} = 2$. Da der empirische T-Wert für positive Rangplatzdifferenzen größer ist ($T^+ = 27$), kann die Nullhypothese verworfen und die Alternativhypothese bestätigt werden. Somit führt das Reaktionstraining zu einer Verkürzung der Einfachreaktionszeit.

6.4 Verfahren für Nominaldaten

Für nominalskalierte Daten werden für unabhängige Stichproben der Chi-Quadrat-Test und für abhängige Stichproben der McNemar-Test bzw. der Vorzeichentest verwendet (vergleiche ◼ Tab. 6.1).

6.4.1 Chi-Quadrat-Test für unabhängige Stichproben

Chi-Quadrat(χ^2)-Methoden gehören zu den elementaren statistischen Verfahren und zeichnen sich durch relativ große Robustheit aus. Sie dienen der Analyse von Häufigkeiten auf der Grundlage einer χ^2-Verteilung und sind damit nicht nur auf nominale Daten eingegrenzt.

Viele bei empirischen Studien auftretende Fragestellungen lassen sich mit χ^2-Verfahren bearbeiten. Hier ein paar Beispiele:

- Geschlechterverteilung innerhalb einer Stichprobe bei einer Untersuchung,
- Veränderung der Anzahl der Probanden, die nach einer Intervention einen Test positiv bestanden haben,
- Abhängigkeit eines Testergebnisses von Altersstufen, Geschlecht oder anderen einfach oder mehrfach gestuften Merkmalen.

Generell werden bei χ^2-Methoden beobachtete und erwartete Häufigkeiten miteinander verglichen. Die erwarteten Häufigkeiten werden durch die Nullhypothese dargestellt. Die Prüfgröße χ^2 ist folgendermaßen definiert (Bortz 1999):

$$\chi^2 = \sum_{j=1}^{2} \frac{\left(f_{b(j)} - f_{e(j)}\right)^2}{f_{e(j)}}, \tag{6.11}$$

mit f_b als beobachtete und f_e als erwartete Häufigkeit. Wenn es sich um zwei Merkmalsalternativen (j) handelt, werden beide Merkmalsalternativen (z. B. männlich oder weiblich) betrachtet. Veranschaulichen wir uns dies am folgenden Beispiel. An einer Studie nehmen 775 männliche und 680 weibliche Probanden teil. Dabei handelt es sich um Sportstudenten aus einem Bundesland. Es soll die Nullhypothese geprüft werden, dass genauso viele männliche wie weibliche Probanden an der Untersuchung teilnehmen. Die erwartete Häufigkeit beträgt:

$$f_e = \frac{f_{b(1)} + f_{b(2)}}{2} = \frac{775 + 680}{2} = 727{,}5 \tag{6.12}$$

Für χ^2 ergibt sich:

$$\chi^2 = \frac{(775 - 727{,}5)^2}{727{,}5} + \frac{(680 - 727{,}5)^2}{727{,}5} = 6{,}20$$

Die Anzahl der Freiheitsgrade beträgt $df = 2 - 1 = 1$, da wir von zwei Merkmalsalternativen ausgegangen sind. Für $\alpha = 0{,}05$ kann aus der χ^2-Verteilungs-Tabelle (z. B. in Bortz 1999) der kritische χ^2-Wert entnommen werden:

$$\chi^2_{(1;95\,\%)} = 3{,}84$$

Da $6{,}20 > 3{,}84$, wird die Nullhypothese verworfen und die nicht gerichtete Alternativhypothese bestätigt, dass männliche und weibliche Studienteilnehmer nicht gleichverteilt sind.

Nun besteht ja die Möglichkeit, dass generell männliche und weibliche Studierende in diesem Bundesland nicht gleichverteilt sind. Hier würde die Nullhypothese lauten, dass die

Geschlechterverteilung in der Studie der Geschlechterverteilung aller Studierenden im Bundesland entspricht. Wir nehmen folgendes Zahlenbeispiel: Insgesamt gibt es in diesem Bundesland $n_\male = 15.200$ Studenten und $n_\female = 11.450$ Studentinnen. Damit berechnet sich der relative Anteil der männlichen bzw. weiblichen Studierenden mit

$$p_i = \frac{n_i}{n_i + n_j} \tag{6.13}$$

zu

$$p_\male = \frac{15.200}{15.200 + 11.450} = 0{,}57,$$

$$p_\female = \frac{11.450}{15.200 + 11.450} = 0{,}43.$$

Für die Bestimmung der Erwartungshäufigkeit f_e der männlichen (weiblichen) Studienteilnehmer müssen die relativen Häufigkeiten p mit der Gesamtteilnehmerzahl $n = 775 + 680 = 1455$ multipliziert werden:

$$f_{e(\male)} = 0{,}57 \cdot 1455 = 829{,}35$$
$$f_{e(\female)} = 0{,}43 \cdot 1455 = 625{,}65$$

Daraus ist nun χ^2 zu ermitteln:

$$\chi^2 = \frac{(775 - 829{,}35)^2}{829{,}35} + \frac{(680 - 625{,}65)^2}{625{,}65} = 8{,}28$$

Der so im Vergleich zum kritischen Wert (3,84) errechnete größere χ^2-Wert zeigt, dass die Nullhypothese nicht bestätigt werden kann und damit die Geschlechterverteilung in der Studie nicht der Geschlechterverteilung der Gesamtstudierenden entspricht.

6.4.2 Vierfelder-Kontingenztafel

Dieses Verfahren (auch: bivariate Häufigkeitsverteilung oder Vierfeldertafel) wird eingesetzt, wenn die Beobachtungen zwei Merkmale mit je zwei Ausprägungen aufweisen. Es entsteht eine Kombination, die sich übersichtlich in einer Vierfeldertafel darstellen lässt. Dabei ist jede einzelne Beobachtung einem Feld zuzuordnen.

Verdeutlichen wir uns diesen Sachverhalt mit Hilfe unserer Beispielstudie aus ▶ Abschn. 6.4.1. Die Studie enthielt einen Test, der bestanden bzw. nicht bestanden wurde. Die Nullhypothese könnte bspw. lauten, dass das Nichtbestehen des Tests unabhängig vom Geschlecht ist. Die zugehörige Vierfeldertafel ist in der ◻ Tab. 6.4 dargestellt. Die vier Felder werden üblicherweise mit a, b, c und d bezeichnet.

◘ **Tab. 6.4** Beispiel für Vierfeldertafel

	♂	♀	
Test bestanden	420 a | b	510	930
Test nicht bestanden	355 c | d	170	525
	775	680	1455

Mit diesen Werten können die relativen Wahrscheinlichkeiten jedes Tabellenfeldes berechnet werden:

$p(a) = 0{,}29$, $p(b) = 0{,}35$, $p(c) = 0{,}24$, $p(d) = 0{,}12$. Das bedeutet bspw., dass die Wahrscheinlichkeit, dass ein männlicher Proband den Test bestanden hat, 29 % beträgt, bei den weiblichen Probanden sind es 35 %.

Es können nun die erwarteten Häufigkeiten nach

$$f_{e(j)} = n \cdot p_j \tag{6.14}$$

berechnet werden.

Der χ^2-Wert lässt sich nach ▶ Gl. 6.15 berechnen:

$$\chi^2 = \sum_{i=1}^{2} \sum_{j=1}^{2} \frac{\left(f_{b(i,j)} - f_{e(i,j)}\right)^2}{f_{e(i,j)}} \tag{6.15}$$

Da in vielen Fällen nicht die erwarteten Häufigkeiten bestimmt werden können (bspw. im Zusammenhang mit einer nicht vollständig bekannten Grundgesamtheit), schätzt man die benötigten Wahrscheinlichkeiten aus den Daten. Diese erwarteten Häufigkeiten ergeben sich in der Regel als Produkt aus Zeilensumme und Spaltensumme geteilt durch die Gesamtsumme.

Daraus kann die vereinfachte Gleichung zur Berechnung von χ^2 angegeben werden (Bortz 1999):

$$\chi^2 = \frac{n \cdot (ad - bc)^2}{(a + b) \cdot (c + d) \cdot (a + c) \cdot (b + d)} \tag{6.16}$$

Für unser Beispiel erhalten wir den Wert $\chi^2 = 68$. Da dieser Wert viel größer als die kritischen Werte ($\chi^2_{(1;99\,\%)} = 6{,}63$ bzw. $\chi^2_{(1;95\%)} = 3{,}84$) aus der Tabelle der Verteilungsfunktion der χ^2-Verteilungen (Bortz 1999) ist, ist unser Ergebnis signifikant und die Nullhypothese widerlegt. Das Testergebnis ist also geschlechtsabhängig (bei nicht gerichteter Hypothese).

Die Vierfelder-Kontingenztafel lässt sich aber auch noch erweitern, wenn zwei mehrfach gestufte Merkmale vorhanden sind (Bortz 1999).

☐ Tab. 6.5   Beispiel für Vierfeldertafel bei Testwiederholung

		Posttest	
		Test bestanden	Test nicht bestanden
Pretest	Test bestanden	20 a	15 b
	Test nicht bestanden	80 c	25 d

6.4.3 McNemar-Test

Der McNemar-Test wird bei abhängigen bzw. verbundenen Stichproben eingesetzt. Häufig kommt es in der sport-motorischen Forschung vor, dass geprüft werden soll, ob eine Intervention ein bestimmtes Merkmal verändert. Versuchen wir dies an einem Beispiel zu erläutern. In einer ersten Untersuchung (Pretest) wird die statische Gleichgewichtsfähigkeit überprüft. Es erfolgt dann ein sechswöchiges Gleichgewichtstraining. In der zweiten Untersuchung (Posttest) wird der Gleichgewichtstest wiederholt. Die zugehörige Vierfeldertafel mit Beispieldaten ist in der ☐ Tab. 6.5 angegeben.

Die Nullhypothese besagt, dass durch das Gleichgewichts-training keine Veränderung im Gleichgewichtstest auftritt.

Der McNemar-Test betrachtet die Veränderungen und damit die Felder b und c:

— Feld b: Im Pretest haben 15 Personen den Test bestanden, aber im Posttest nicht.

— Feld c: Im Pretest haben 80 Personen den Test nicht bestanden, aber im Posttest.

Die zugehörige Gleichung für die Berechnung von χ^2 lautet:

$$\chi^2 = \frac{(b-c)^2}{b+c} \tag{6.17}$$

Für unser Beispiel erhalten wir $\chi^2 = 44{,}5$. Dieser Wert ist deut-lich größer als die kritischen Werte ($\chi^2_{(1;99\,\%)} = 6{,}63$ bzw. $\chi^2_{(1;95\,\%)} = 3{,}84$) aus der Tabelle der Verteilungsfunktion der χ^2-Verteilungen (Bortz 1999). Somit ist die Nullhypothese widerlegt und die Alternativhypothese angenommen, dass sich das Gleich-gewichtstraining auf das Ergebnis des Gleichgewichtstests auswirkt.

Hat man mehrere Untersuchungswiederholungen, wird der sogenannte Cochran-Test angewendet.

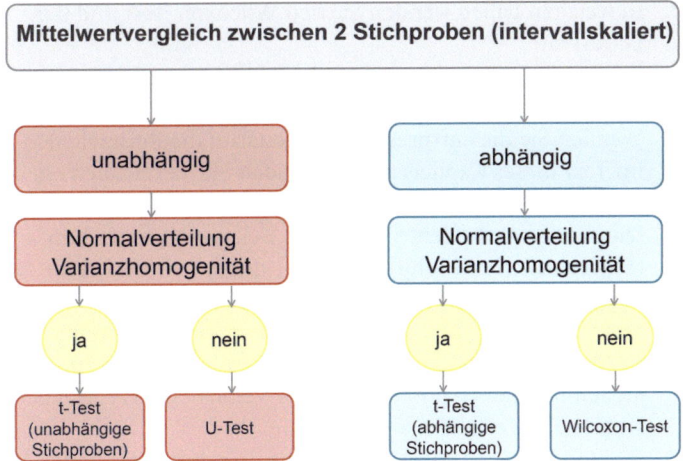

Abb. 6.2 Vorgehensweise zum Finden des statistischen Verfahrens für den Mittelwertvergleich zweier intervallskalierter Stichproben

6.5 Hinweise für Mittelwertvergleiche bei der Verwendung von IBM Statistics SPSS 25

IBM Statistics SPSS 25 unterscheidet zwischen unabhängigen und abhängigen Stichproben. Die ■ Abb. 6.2 soll Ihnen die Entscheidung für den richtigen Test bei intervallskalierten Daten erleichtern.

In einem ersten Schritt nach Auswahl des Verfahrens ist die Testvariable in SPSS zu definieren. Eine Gruppierungsvariable hilft, die Probanden in zwei Gruppen einzuteilen. Gruppe 1 wird bspw. durch „1" und Gruppe 2 durch „2" definiert. Das Konfidenzintervall ist wählbar, meist mit 95 % angegeben. Nach Start der Berechnung erhält man zusätzlich die Daten der deskriptiven Statistik für beide Gruppen. Automatisch wird der Levene-Test auf Varianzgleichheit durchgeführt und der F-Wert angegeben.

Bei den parameterfreien Tests wird analog vorgegangen. Hier erhält man die Entscheidung, ob die Nullhypothese angenommen bzw. beibehalten wird. Es kann außerdem zwischen den verschiedenen Tests ausgewählt werden (z. B. Wilcoxon-Test, McNemar-Test, Chi-Quadrat-Test).

6.6 Aufgaben zur Vertiefung

1. Erläutern Sie die folgenden Begriffe, um Ihr eigenes Verständnis zu überprüfen: t-Verteilung, Varianzhomogenität, F-Wert, abhängige und unabhängige Stichproben, Effektstärke, Signifikanzniveau.
2. Welche Voraussetzungen müssen für einen t-Test erfüllt sein?

6

3. In welchen Fällen wenden Sie den Wilcoxon-Test und den U-Test an?
4. Erläutern Sie Beispiele für die Anwendung von Verfahren bei Nominaldaten!
5. Wenden Sie die entsprechenden Tests auf die Beispieldaten im Text dieses Kapitels an. Verwenden Sie hierzu auch ein Statistik-Programm (z. B. SPSS).
6. Diese Aufgabe bezieht sich auf die Belegaufgabe des Kap. 4 (Bewegungsvorstellung) im Band 1 dieser Lehrbuchreihe. In der Teilaufgabe 1 sollen die Zeiten für das mental vorgestellte Gehen und das reale Gehen miteinander verglichen werden. Erhöhen Sie die Anzahl der Probanden auf 10. Stellen Sie eine Hypothese auf und wenden Sie das geeignete statistische Verfahren an!
7. Wählen Sie einen sportmotorischen Test aus. Viele Beispiele sind bei Bös (2001) zu finden. Untersuchen Sie, ob die Testleistung geschlechtsabhängig ist! Beachten Sie, dass Sie für einen t-Test zwei hinreichend große Stichproben (jeweils mind. 15 Probanden) benötigen. Testen Sie vorher auf Normalverteilung.

6.7 Hinweise zur Bearbeitung von Aufgaben aus dem Band 2

- Kap. 2/Untersuchung 3: Bestimmung der Dual-Task-Fähigkeit beim Gehen für einen gesunden Erwachsenen

– Für diese Untersuchung bietet sich ein Mittelwertvergleich an. Da es sich um den Vergleich von Gangparametern mehrerer Schritte handelt, ist eine Einteilung in zwei abhängige Gruppen sinnvoll: Gangparameter unter Single-Task- und unter Dual-Task-Bedingung.

– Da es sich um intervallskalierte Daten handelt, könnte der t-Test für abhängige Stichproben in Frage kommen. Prüfen Sie aber die Voraussetzungen, sonst entscheiden Sie sich für den Wilcoxon-Test.

Literatur

Bortz, J. (1999). *Statistik für Sozialwissenschaftler*. Berlin: Springer.

Bös, K. (Hrsg.). (2001). *Handbuch Motorische Tests*. Göttingen: Hogrefe.

Brosius, F. (2018). *SPSS: Umfassendes Handbuch zu Statistik und Datenanalyse; von Version 22–25 (mitp Professional)*. Frechen: mitp.

Kuckartz, U., Rädiker, S., Ebert, T., & Schehl, J. (2013). *Statistik. Eine verständliche Erklärung*. Wiesbaden: Springer Fachmedien.

Rasch, B., Friese, M., Hofmann, W., & Naumann, E. (2014). *Quantitative Methoden 1. Einführung in die Statistik für Psychologen und Sozialwissenschaftler* (4. Aufl.). Berlin: Springer.

Statistische Verfahren zur Überprüfung von Zusammenhangshypothesen bei zwei Stichproben

7.1   Einleitung und Übersicht – 80

7.2   Regression – 82
7.2.1   Lineare Regression – 82
7.2.2   Kovarianz – 84
7.2.3   Statistische Absicherung – 85
7.2.4   Multiple lineare Regression – 86

7.3   Merkmalszusammenhänge – 87
7.3.1   Verfahren – 87
7.3.2   Statistische Absicherung – 91

7.4   Aufgaben zur Vertiefung – 92

7.5   Hinweise zur Bearbeitung von Aufgaben aus dem Band 2 – 94

        Literatur – 95

© Springer-Verlag GmbH Deutschland, ein Teil von Springer Nature 2019
K. Witte, *Angewandte Statistik in der Bewegungswissenschaft (Band 3)*,
https://doi.org/10.1007/978-3-662-58360-9_7

7

Oft stellt sich in der Bewegungswissenschaft die Frage, ob und wie zwei Merkmale miteinander zusammenhängen. Nachdem auf der Basis von Diagrammen erste Vermutungen angestellt werden, gilt es nun zu zeigen, welcher Zusammenhang besteht und wie stark dieser Zusammenhang ist. Die Art der zu verwendenden Methode hängt von der Skalierung der Daten ab. Dieses Kapitel gibt darüber eine Übersicht, um die Entscheidung für den richtigen Test zu erleichtern. Abschließend darf auch hier der Signifikanztest nicht vergessen werden.

7.1 Einleitung und Übersicht

In diesem Kapitel wollen wir uns mit dem Testen von Zusammenhangshypothesen beschäftigen, die wir als die zweite Art von Alternativhypothesen im ▶ Kap. 5 kennengelernt haben. Zusammenhänge, die wir mit Gleichungen bzw. Funktionen beschreiben können, werden funktionale Zusammenhänge genannt. So kennen wir viele arithmetische Funktionen in der Mathematik, die den Zusammenhang zwischen dem x- und dem y-Wert beschreiben. Eine Vielzahl funktionaler Zusammenhänge kennen wir aber auch in Physik und Chemie und anderen Natur- und Ingenieurwissenschaften. So wissen Sie aus der Kinematik, dass zwischen der Sprung- oder Wurfweite und der Abfluggeschwindigkeit ein quadratischer Zusammenhang besteht. Im sozialwissenschaftlichen und speziell im sportwissenschaftlichen Bereich ist das aber nicht ganz so einfach. Hier geht es zumeist um Messungen am Menschen, aber auch um das Finden von Zusammenhängen. Wie wir schon oft festgestellt haben, unterliegen diese Variablen stochastischen Schwankungen, so dass die Bestimmung des Zusammenhangs zweier Merkmalsgrößen zufälligen Schwankungen unterliegt. Die Gleichungen, mit denen diese stochastischen Zusammenhänge ausgedrückt werden können, heißen Regressionsgleichungen. Der Grad des Zusammenhangs wird mit dem Korrelationskoeffizienten ausgedrückt, welcher Werte zwischen $+1$ und -1 annehmen kann. Positive Werte bedeuten, dass die beiden Variablen gleichermaßen linear miteinander korrelieren, also wenn die Werte einer Variablen anwachsen, steigen auch die Werte der anderen Variablen. Würden die Werte der anderen Variablen dagegen sinken, ergibt sich ein negativer Korrelationskoeffizient. Die ◘ Abb. 7.1 veranschaulicht diese Zusammenhänge.

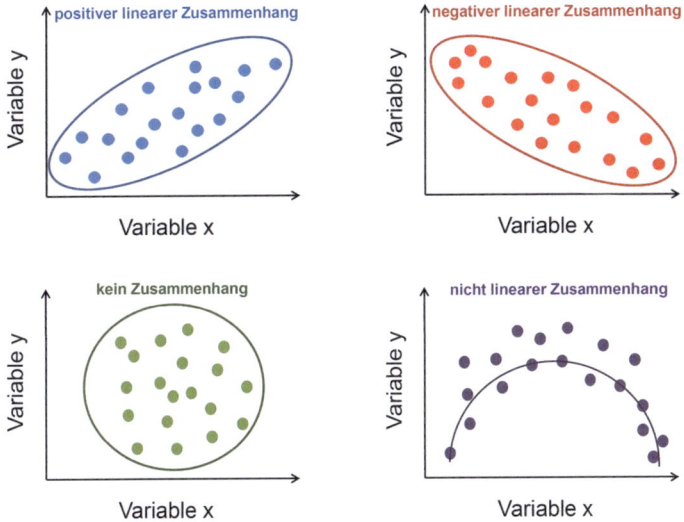

☑ **Abb. 7.1** Schematische Darstellung möglicher korrelativer Zusammenhänge bzw. ohne Zusammenhang zweier Merkmale (Variablen)

Welche möglichen Zusammenhänge können wir in der Sportmotorik finden? Hier ein paar Beispiele:

- Einflüsse von Bewegungsparametern auf die sportliche Leistung. So wurde bspw. von Roemer et al. (2007) beim Volleyballangriffsschlag ein korrelativer Zusammenhang zwischen der Schulterwinkelgeschwindigkeit und der Ballgeschwindigkeit nach dem Schlag gefunden.
- Veränderung von einzelnen Bewegungsparametern in Abhängigkeit von der Bewegungsgeschwindigkeit, um bspw. Theorien zur Bewegungskoordination zu überprüfen.
- Korrelation zwischen Ergebnissen kognitiver und motorischer Tests zum Finden eines Zusammenhangs zwischen Kognition und Motorik (z. B. Stephanie 2015). Derartige Studien in verschiedenen Altersbereichen gewinnen in der Kognitionswissenschaft zunehmend an Bedeutung.
- Dual-Task-Aufgaben, bei denen kognitive und motorische Aufgaben gleichzeitig zu lösen sind (Leone et al. 2017).

Wichtig ist dabei zu beachten, dass man aus eventuell gefundenen statistischen Zusammenhängen keine kausalen Schlüsse ziehen kann, also keinen Beweis für eine Ursache-Wirkung-Beziehung hat. Beispielsweise kann aus dem korrelativen Zusammenhang zwischen dem Bildungsstand und einer gesunden Ernährung nicht geschlossen werden, dass aus einer gesunden Ernährung ein hoher Bildungsstand resultiert. Jedoch ermöglichen Regressionsgleichungen Vorhersagen über das Verhalten eines Merkmals.

7

7.2 **Regression**

Regressionsanalysen dienen im Allgemeinen der Merkmalsvorhersage. Eine Regressionsgleichung verknüpft zwei stochastisch voneinander abhängige Variable. Besondere Anwendung findet dieses Verfahren, wenn man aus einem messbaren Merkmal auf ein messtechnisch schwer zugängiges Merkmal schließen möchte. Dabei ist zwischen Prädikatorvariable (wird gemessen und dient der Vorhersage, auch als unabhängige Variable bezeichnet) und Kriteriumsvariable (Variable, die vorhergesagt werden soll, abhängige Variable) zu unterscheiden.

Eine Regressionsanalyse kann bspw. dazu dienen, einen Test auf Validität zu überprüfen, indem die Ergebnisse des zu prüfenden Tests mit denen eines bereits bekannten und evaluierten Tests verglichen werden. Eine Regressionsanalyse wird weiterhin an einer Stichprobe durchgeführt und aus dem Ergebnis auf die Grundgesamtheit geschlossen. Bedeutung hat dieses Vorgehen bei Kriteriumsvariablen (Persönlichkeitsmerkmale, kognitive oder motorische Leistungsfähigkeit), die für große Grundgesamtheiten aufwändig zu ermitteln wären.

7.2.1 **Lineare Regression**

Der einfachste Zusammenhang zwischen zwei Variablen, die intervallskaliert sind, ist ein linearer Zusammenhang. So könnte der Zusammenhang zwischen den Variablen x und y der beiden oberen Diagramme in der ◻ Abb. 7.1 mit einer Geraden veranschaulicht werden (siehe ◻ Abb. 7.2).

Wie wir aus der Mathematik wissen, lautet die Gleichung für eine lineare Funktion

$$y = b \cdot x + a, \tag{7.1}$$

mit x als unabhängige sowie y als abhängige Variable, b als Anstieg der Geraden und a als Schnittpunkt der Geraden mit der y-Achse. Wäre diese Gleichung bspw. für empirische Daten gefunden, kann bei bekanntem x-Wert der zugehörige y-Wert

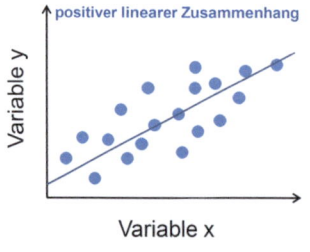
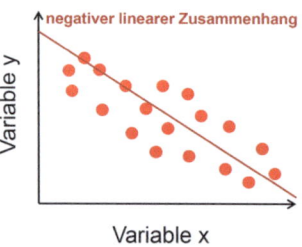

◻ **Abb. 7.2**   Positive und negative lineare Regression

berechnet werden. Der positive oder negative Zusammenhang wird durch das Vorzeichen von *b* ausgedrückt. Vorstellbar wäre folgendes Beispiel. Es sollen die Daten der motorischen Reaktionsfähigkeit, bestimmt durch zwei verschiedene Tests, miteinander verglichen werden. Bei dem ersten Test handelt es sich um den Stabfalltest (Umrechnung der Falllänge in Fallzeit t_F) und beim zweiten Test wird der Einfachreaktionstest RT auf ein optisches Signal im Rahmen des Wiener Testsystems (Summe aus Reaktionszeit und motorischer Zeit $= t_R$) verwendet. Der Test wird mit 20 Probanden durchgeführt. Damit erhält man für jeden Probanden einen Punkt im Diagramm, der sich aus den jeweils ermittelten Werten für t_F und t_R ergibt (◘ Abb. 7.3).

Würde man nun eine Regressionsgerade bestimmen können, könnte man für spätere Untersuchungen den viel einfacheren Stabfalltest einsetzen und könnte ggf. auf die Reaktionszeit t_R schließen. Doch wie geht man bei der Bestimmung der Regressionsgeraden vor? Das übliche Verfahren ist die Methode der kleinsten Quadrate. Die gesuchte Regressionsgerade ist also die Gerade, bei der die Summe der Quadrate aller Abweichungen zwischen dem beobachteten *y*-Wert (y_i) und dem erwarteten *y*-Wert ($\hat{y}_i$) ein Minimum ist:

$$\sum_{i=1}^{n} \left(y_i - \hat{y}_i \right)^2 = \text{Min.} \qquad (7.2)$$

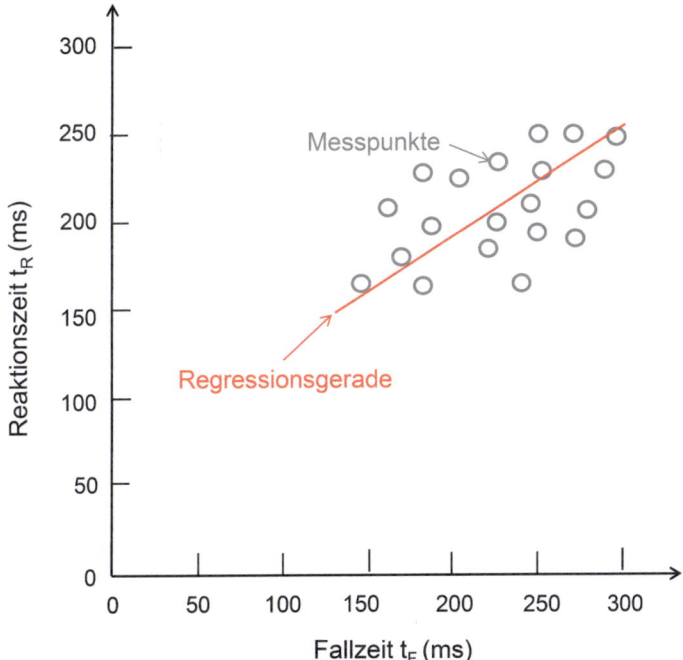

◘ **Abb. 7.3** Zusammenhang zwischen der mit dem Stabfalltest bestimmten Fallzeit t_F und der Reaktionszeit t_R (Einfachreaktionszeit auf ein optisches Signal, bestimmt mit dem Wiener Testsystem). Dargestellt sind die tatsächlichen Messpunkte und die Regressionsgerade

Das ist durchaus plausibel, da man die Gerade ja so zwischen die Messpunkte legt, dass deren Verhalten möglichst genau wiedergegeben wird. Es sollen nun die Bestimmungsparameter a und b der Regressionsgleichung bestimmt werden. Auf eine Herleitung wird an dieser Stelle verzichtet und kann der weiterführenden Literatur entnommen werden (Bortz 1999).

Zunächst muss man zwischen zwei Vorhersagerichtungen unterscheiden. Im ersten Fall sollen die x-Werte auf der Grundlage der y-Werte vorhergesagt werden. Das wird durch den Index „xy" gekennzeichnet. Im zweiten Fall sollen die y-Werte auf der Grundlage der x-Werte vorhergesagt werden. Dies wird durch den Index „yx" verdeutlicht. Damit ergeben sich die Berechnungsparameter folgendermaßen:

$$a_{xy} = \bar{x} - b_{xy} \cdot \bar{y} \tag{7.3}$$

$$b_{xy} = \frac{n \cdot \sum_{i=1}^{n} x_i \cdot y_i - \sum_{i=1}^{n} x_i \cdot \sum_{i=1}^{n} y_i}{n \cdot \sum_{i=1}^{n} y_i^2 - \left(\sum_{i=1}^{n} y^i\right)^2} \tag{7.4}$$

$$a_{yx} = \bar{y} - b_{yx} \cdot \bar{x} \tag{7.5}$$

$$b_{yx} = \frac{n \cdot \sum_{i=1}^{n} x_i \cdot y_i - \sum_{i=1}^{n} x_i \cdot \sum_{i=1}^{n} y_i}{n \cdot \sum_{i=1}^{n} x_i^2 - \left(\sum_{i=1}^{n} x_i\right)^2} \tag{7.6}$$

Manuell lässt sich die Berechnung vereinfachen, wenn man eine ◘ Tab. 7.1 erstellt und damit den Regressionskoeffizienten b_{yx} berechnet. Der Erwartungswert ($\hat{y}_i$) berechnet sich dann zu:

$$\hat{y}_i = b_{yx} \cdot x_i + a_{yx} \tag{7.7}$$

7.2.2 Kovarianz

Die Bedeutung des Regressionskoeffizienten b wird durch die Einführung der Kovarianz deutlich (Bortz 1999). Hierzu dividieren wir Zähler und Nenner der Gleichungen ▶ Gl. 7.4 und 7.6 durch n^2. Aus dem Nenner erhält man dann die Varianz der x-Werte bzw. y-Werte. Der sich ergebende Zählerausdruck wird als Kovarianz der Variablen x und y ($\text{cov}(x, y)$) definiert und ergibt sich zu:

◘ **Tab. 7.1** Erfassung und Berechnung der Daten für die Vorhersage des Merkmals y aus Merkmal x

Probanden-Nr	x_i	y_i	x_i^2	$x_i \cdot y_i$	$\hat{y}_i$
i					
Summe					
Arithmetischer Mittelwert					

$$\text{cov}(x, y) = \frac{\sum_{i=1}^{n} x_i \cdot y_i - \frac{\sum_{i=1}^{n} x_i \cdot \sum_{i=1}^{n} y_i}{n}}{n} \qquad (7.8)$$

Die Gleichung kann auch umgeschrieben werden und man erhält:

$$\text{cov}(x, y) = \frac{\sum_{i=1}^{n} (x_i - \bar{x}) \cdot (y_i - \bar{y})}{n} \qquad (7.9)$$

Aus dieser ▶ Gl. 7.9 ist die inhaltliche Bedeutung der Kovarianz einfacher zu verstehen. Die Kovarianz stellt das mittlere Produkt aller korrespondierenden Abweichungen der Einzelmesswerte von den Mittelwerten der beiden Variablen x und y dar. Wie ▶ Gl. 7.9 zeigt, wird für jedes Messwertpaar die Abweichung des x-Wertes (x_i) vom Mittelwert der x-Werte ($\bar{x}$) mit der zugehörigen Abweichung des y-Wertes (y_i) vom Mittelwert der y-Werte ($\bar{y}$) multipliziert. In Analogie zur allgemeinen Bestimmung der Varianz, wird dann durch die Anzahl der Messwertpaare (hier n, manchmal auch $n - 1$) dividiert.

Damit ist die Kovarianz die wechselseitige Varianz zweier Variablen. Die Kovarianz ist positiv, wenn die beiden Variablen weitestgehend gemeinsam in die gleiche Richtung von ihrem Mittelwert abweichen. So ist dann auch meist eine positive Abweichung der einzelnen x-Werte von ihrem Mittelwert mit einer positiven Abweichung der y-Werte von ihrem Mittelwert verbunden. Ist dagegen eine positive Abweichung der x-Werte mit einer negativen Abweichung der y-Werte verknüpft, erhält die Kovarianz ein negatives Vorzeichen. Die Kovarianz ist null, wenn die Abweichungen der Messwerte zueinander mal positiv und mal negativ sind. Sind die Messwerte normalverteilt, wird die Ellipse umso schmaler je stärker der Zusammenhang ist.

Wie die Diagramme in ☐ Abb. 7.1 vermuten lassen, gibt es einen Zusammenhang zwischen der Kovarianz und dem Regressionskoeffizienten b: Die beiden Steigungskoeffizienten b_{xy} und b_{yx} stellen jeweils den Quotienten aus der Kovarianz und der Varianz der x- bzw. y-Werte dar:

$$b_{yx} = \frac{\text{cov}(x, y)}{s_x^2} \qquad (7.10)$$

$$b_{xy} = \frac{\text{cov}(x, y)}{s_y^2} \qquad (7.11)$$

7.2.3 Statistische Absicherung

Wir gehen davon aus, dass zunächst die Regressionsgerade auf der Basis einer Stichprobe bestimmt wurde. Dann ist es die Aufgabe zu überprüfen, inwiefern diese Regressionsgerade auch für die zugehörige Grundgesamtheit gilt. Das würde bedeuten, dass in der Grundgesamtheit die Kriteriumsvariable mit Hilfe der Prädiktorvariablen vorhergesagt werden kann.

Auch bei der Regressionsanalyse ist davon auszugehen, dass die Regressionskoeffizienten, wie die bereits behandelten Stichprobenkennwerte, schwanken. Voraussetzung für die statistische Überprüfung der Merkmalsvorhersagen (Regressionskoeffizienten a und b) ist die Normalverteilung beider Variablen. Genau genommen spricht man dann von einer bivariaten Normalverteilung.

Weiterhin kann der Standardschätzfehler berechnet werden bzw. wird durch eine Statistik-Software ausgegeben. Er ist ein Maß für die Genauigkeit der Regressionsvorhersage, indem er die geschätzte Streuung der y-Werte um die Regressionsgerade angibt.

Für die Schätzung der Stabilität des Steigungskoeffizienten wird das Konfidenzintervall β_{yx} (geschätzter Steigungskoeffizient in der Grundgesamtheit) verwendet.

In vielen Fällen sind die Zusammenhänge nicht linear. Hier gilt es, ein theoretisches Modell zu finden, aus dem eine entsprechende nicht lineare mathematische Funktion abzuleiten ist. Dies nennt man auch Anpassungsprozedur (engl.: fitting procedure) und wird in einigen Software-Paketen zur Datenanalyse (z. B. OriginLab) angeboten.

7.2.4 Multiple lineare Regression

Im Unterschied zur linearen Regression nutzt die multiple (lineare) Regression mehrere Prädiktorvariablen (x_1, x_2, x_3, ...), um die Kriteriumsvariable (y) vorherzusagen (Rasch et al. 2014). Dabei kann es sich um inhaltlich weitere interessante Variablen, aber auch um Störvariablen handeln, deren Einfluss auf die Ziel- bzw. Kriteriumsvariable zu bestimmen ist. Allgemein kann die Regressionsgleichung folgendermaßen angegeben werden:

$$y = a + b_1 \cdot x_1 + b_2 \cdot x_2 + b_3 \cdot x_3 + \cdots + b_n \cdot x_n \qquad (7.12)$$

wobei a wiederum die Höhenverschiebung bzgl. y-Achse und b_1 bis b_n die Regressionsgewichte der jeweiligen Prädiktorvariablen x_1 bis x_n sind.

Eine mögliche Anwendung der multiplen linearen Regression könnte folgende Fragestellung sein. Von welchen Parametern hängt die sportliche Leistung junger Athleten in einer bestimmten Disziplin ab? Dabei soll ermittelt werden, welches die wesentlichen Parameter (durch größere Regressionsgewichte gekennzeichnet) sind und welche Parameter eher untergeordnet (mit kleineren Regressionsgewichten verknüpft) sind. Es sei darauf hingewiesen, dass die eingehenden Prädiktorvariablen unabhängig voneinander sein müssen. Mit der statistischen SPSS-Software können derartige Berechnungen erfolgen.

7.3 Merkmalszusammenhänge

7.3.1 Verfahren

Wir haben bereits die Kovarianz als ein Maß für den Zusammenhang zweier Merkmale kennengelernt. Nur ist diese Größe oft nicht geeignet, wenn beide Variablen unterschiedlich skaliert sind bzw. unterschiedlichen Maßstäben unterliegen. Aus diesem Grund wird die Produkt-Moment-Korrelation eingeführt.

- **Produkt-Moment-Korrelationskoeffizient nach Pearson**

Der Produkt-Moment-Korrelationskoeffizient r ergibt sich als Quotient aus der Kovarianz und dem Produkt der Standardabweichungen beider Variablen:

$$r = \frac{\text{cov}(x, y)}{s_x \cdot s_y} \tag{7.13}$$

Dadurch werden Maßstabs- und Streuungsunterschiede kompensiert. Dies kommt einer z-Transformation der Werte gleich. Man kann auch schreiben:

$$r = \frac{1}{n} \cdot \sum_{i=1}^{n} z_{xi} \cdot z_{yi}$$

Somit bedeutet die Korrelation zweier intervallskalierter und normalverteilter Variablen die Kovarianz der z-transformierten Variablen oder auch der Mittelwert des Produktes aus den korrespondierenden z-Werten. Dieser Korrelationskoeffizient wird auch Produkt-Moment-Korrelationskoeffizient nach Pearson bezeichnet.

Damit charakterisiert der Korrelationskoeffizient r das Maß des linearen Zusammenhangs zweier Merkmale. Er kann Werte zwischen $+1$ (maximaler positiver Zusammenhang) und -1 (maximaler negativer Zusammenhang) annehmen. Für $r = 0$ gibt es keinen Zusammenhang.

Oft wird auch der sogenannte Determinationskoeffizient angegeben. Dabei handelt es sich um den auf 1 bezogenen Anteil der gemeinsamen Varianz beider Variablen.

- **Überblick über Korrelationen und deren Interpretation**

Je nach Skalierungsart gibt es unterschiedliche Verfahren zur Berechnung von Merkmalszusammenhängen (vergleiche ◧ Tab. 7.2). Auf einige Verfahren werden wir nachfolgend kurz eingehen.

7

Wie können nun die Werte des Korrelationskoeffizienten beurteilt bzw. interpretiert werden? In der Literatur können unterschiedliche Bereiche und ihre Bewertungen gefunden werden. Für unsere empirischen Untersuchungen schlagen wir die Interpretationen nach ◻ Tab. 7.3 vor.

Häufig werden auch die sogenannten Regressionsresiduen angegeben. Ein Regressionsresiduum kennzeichnet die Abweichung eines empirischen y-Wertes vom vorhergesagten $\hat{y}$-Wert. Sie enthalten neben Messfehlern auch Anteile, die durch die Prädikatorvariable nicht abgedeckt werden können. Gemeint sind damit Einflüsse anderer Variablen. Damit kommen wir zu dem Begriff der partiellen Korrelation. Partielle Korrelationen werden auch Scheinkorrelationen genannt. So könnte es sein, dass zwischen zwei Variablen ein sehr hoher Korrelationskoeffizient berechnet wurde, obwohl dieser hohe Zusammenhang nicht plausibel ist. Es muss also eine andere Variable, auch Störvariable genannt, geben, die die beiden betrachteten Variablen gleichermaßen beeinflusst. Diese Störvariable lässt sich unter Verwendung der „Partiellen

◻ **Tab. 7.2**   Verfahren zur Berechnung von Korrelationen entsprechend der Skalierung der Variablen. Speziell für nominalskalierte Daten werden dichotome Merkmale betrachtet. (Mod. nach Bortz 1999)

	Merkmal x		
Merkmal y	**Intervallskaliert**	**Dichotom**	**Ordinalskaliert**
Intervallskaliert	Produkt-Moment-Korrelation nach Pearson	Biseriale Korrelation; Punktbiseriale Korrelation	Rangkorrelation Rho nach Spearman
Dichotom		Phi-Koeffizient	Biseriale Rangkorrelation
Ordinalskaliert			Rangkorrelation nach Spearman; Kendalls Tau-a, Tau-b, Tau-c

◻ **Tab. 7.3**   Interpretation des absoluten Betrages des Korrelationskoeffizienten $|r|$

Bereich	Interpretation
$0 \leq |r| < 0{,}3$	Kein linearer Zusammenhang
$0{,}3 \leq |r| < 0{,}5$	Schwacher linearer Zusammenhang
$0{,}5 \leq |r| < 0{,}8$	Mittlerer linearer Zusammenhang
$0{,}8 \leq |r| < 1{,}0$	Starker linearer Zusammenhang
$|r| = 1{,}0$	Perfekter linearer Zusammenhang

Korrelation" als Kontrollvariable „herausrechnen" (z. B. in der SPSS-Software) und man erhält die tatsächliche Korrelation zwischen den beiden Variablen.

Wir wollen nachfolgend die wesentlichen Verfahren zur Berechnung von Korrelationskoeffizienten kurz erläutern, ohne dabei auf die Herleitung der Berechnungsgleichungen einzugehen, da in den meisten Fällen der Anwendung auf eine entsprechende Statistik-Software zurückgegriffen wird. Nähere Informationen finden Sie in der angegebenen Literatur (Bortz 1999; Kuckartz et al. 2013; Rasch et al. 2014).

▪ Rangkorrelation nach Spearman

Entsprechend der ◙ Tab. 7.3 kann für ordinalskalierte Daten der Rangkorrelationskoeffizient „Rho" nach Spearman verwendet werden. Während wir für intervallskalierte Daten den Korrelationskoeffizienten nach Pearson kennengelernt haben und dieser nur für lineare Zusammenhänge gilt, kann der Rangkorrelationskoeffizient nach Spearman für beliebige Zusammenhänge zwischen zwei Merkmalen eigesetzt werden, da nur die Rangfolge der Werte und nicht deren absoluten Werte berücksichtigt werden (Kuckartz et al. 2013). Zu beachten ist, dass der Stichprobenumfang größer als fünf sein muss. In dem Fall, das ein Rangplatz zweimal oder auch mehrmals vorkommt, wird der Mittelwert gebildet. Würden bspw. Proband A und Proband B bezüglich des betrachteten Merkmals an dritter Rangstelle stehen, bekämen sie dann beide den mittleren Rang 3,5 zugeordnet.

Die Berechnung von Rangkorrelationen findet man oft in bewegungswissenschaftlichen Studien. Das kann bspw. das Rating von sportlichen Leistungen durch zwei unabhängige Beobachter sein, wobei die Frage gestellt wird, inwiefern beide zum ähnlichen Ergebnis kommen. Eine möglichst hohe Korrelation von Beurteilungen oder Testdurchführungen durch zwei Personen wird bspw. benötigt, um eine Testobjektivität nachzuweisen.

▪ Kendalls Tau

Weitere oft verwendete Maßzahlen zur Bestimmung der Korrelation von zwei ordinalskalierten Variablen sind die Koeffizienten Kendalls Tau-a, Tau-b und Tau-c (Kuckartz et al. 2013). Während Spearmans Rho die Differenz zwischen den Rängen nutzt, basiert Kendalls Tau auf den Unterschieden zwischen den Rängen. Er kann auch für intervallskalierte Daten, die nicht normalverteilt sind, oder sehr kleine Stichproben verwendet werden.

■ **Punktbiseriale Korrelation**

Die punktbiseriale Korrelation wird für Zusammenhänge zwischen einer intervallskalierten Variablen und einem dichotomen Merkmal angewendet. Dies kommt bei bewegungswissenschaftlichen Studien sehr häufig vor, wenn es bspw. um den Einfluss des Geschlechts auf ein Merkmal geht. Das dichotome Merkmal erhält bspw. die Ausprägungen 0 (für weiblich) und 1 (für männlich).

■ **Biseriale Korrelation**

Die biseriale Korrelation wird für den Fall angewendet, wenn das eine Merkmal ordinalskaliert ist und das andere eventuell intervallskalierte Merkmal in zwei Kategorien eingeteilt wird. Das könnte z. B. das Alter betreffen, wenn für die Untersuchung zwei Altersbereiche betrachtet werden sollen: vor Renteneintritt vs. nach Renteneintritt oder Vorschulkinder vs. Erstklässler. Aber auch die Anwendung auf einen Test ist denkbar. So wird die Testleistung nicht nach Punkten, sondern nach „bestanden" und „nicht bestanden" eingeteilt.

■ **Biseriale Rangkorrelation**

Die biseriale Rangkorrelation ermittelt den Zusammenhang zwischen einem dichotomen Merkmal und einem ordinalskalierten Merkmal. Beispielsweise könnte untersucht werden, ob die subjektive Einschätzung der körperlichen oder kognitiven Leistungsfähigkeit durch einen Trainer vom Geschlecht oder wahlweise von einer Altersgrenze abhängig ist.

■ **Phi-Koeffizient (Φ)**

Sind beide Merkmale dichotom, wird der Phi-Koeffizient (Φ) berechnet. Beide Merkmalsausprägungen werden im Allgemeinen mit „0" bzw. „1" codiert und eine Vierfeldertafel, wie wir sie schon im ▶ Abschn. 6.4.2 (◘ Tab. 6.4) kennengelernt haben, erstellt. Ähnlich wie χ^2 für die Vierfelder-Kontingenztafel berechnet sich auch der Φ-Koeffizient:

$$\Phi = \frac{a \cdot d - b \cdot c}{\sqrt{(a+b) \cdot (c+d) \cdot (a+c) \cdot (b+d)}} \tag{7.15}$$

Dabei besteht zwischen χ^2 und Φ die folgende Beziehung:

$$\Phi = \sqrt{\frac{\chi^2}{n}} \tag{7.16}$$

Zur Signifikanzprüfung von Φ kann der χ^2-Vierfelder-Test verwendet werden:

$$\chi^2 = n \cdot \Phi^2 \tag{7.17}$$

7.3.2 Statistische Absicherung

Die statistische Absicherung der berechneten Korrelationskoeffizienten erfolgt wiederum mit Hilfe von Signifikanztests. Dabei ist vorauszusetzen, dass die Grundgesamtheit bivariat normalverteilt ist. Dies würde für die Stichprobe neben der Normalverteilung der beiden Variablen auch die Normalverteilung der Paare (gebildet aus dem x-Wert und dem zugehörenden y-Wert: normale Array-Verteilungen) bedeuten. Auch die Varianzen dieser Array-Verteilungen wären auf Homogenität zu prüfen. Dies ist, insbesondere bei manuellen Berechnungen, praktisch schwierig nachzuweisen. Deshalb reicht es meist aus, auf Normalverteilung der beiden Variablen zu testen.

Der Signifikanztest verläuft analog zu dem, den wir im ▶ Kap. 6 für die Mittelwertsvergleiche (z. B. t-Test) beschrieben haben. Nur ist jetzt der Stichprobenkennwert nicht die Mittelwertsdifferenz, sondern die Korrelation zwischen den beiden Variablen. Die Nullhypothese besagt, dass der ermittelte Korrelationskoeffizient null ist, und damit zwischen den beiden Variablen keine Korrelation besteht. Die Alternativhypothese nimmt an, dass die tatsächliche Korrelation von null verschieden ist. Das lässt sich dann folgendermaßen formulieren:

H_0: $r = 0$ und H_1: $r \neq 0$.

Bei gerichteten Hypothesen sei auf das ▶ Kap. 5 verwiesen.

Für den Signifikanztest wird der t-Wert berechnet:

$$t = \frac{r \cdot \sqrt{n-2}}{\sqrt{1-r^2}} \qquad (7.18)$$

Die Anzahl der Freiheitsgrade beträgt $df = n - 2$.

Entsprechend dem vorher festgelegten α-Niveau wird nun gegen einen kritischen t-Wert getestet, der in einer entsprechenden Tabelle (Verteilungsfunktion der t-Verteilungen und zweiseitige Signifikanzgrenzen für Produkt-Moment-Korrelationen in Bortz 1999) abzulesen ist. Ist der nach ▶ Gl. 7.18 berechnete t-Wert größer als der in der Tabelle gefundene kritische t-Wert, wird die Nullhypothese abgelehnt und die Alternativhypothese bestätigt, womit der ermittelte Korrelationskoeffizient signifikant ist (Rasch et al. 2014). Nehmen wir folgendes konstruierte Beispiel. Ein Studienleiter berechnete für den Zusammenhang zwischen dem Stroop-Interferenz-Test (Verfahren zur Messung der individuellen Interferenzneigung bei Darbietung von Farben und Farbwörtern in unterschiedlicher Farbe) und den Ergebnissen eines allgemeinen Aufmerksamkeitstests einen Produkt-Moment-Korrelationskoeffizienten von 0,6. An der Untersuchung nahmen 20 Personen teil. Es soll nun herausgefunden werden, ob das Ergebnis signifikant ist. Setzen wir in ▶ Gl. 7.18 die Werte ein, dann erhalten wir:

$$t = \frac{0{,}6 \cdot \sqrt{20 - 2}}{\sqrt{1 - 0{,}6^2}} = 3{,}18$$

In der Statistik-Tabelle zur t-Verteilung können wir den kritischen t-Wert ablesen: $t_{(18;95\ \%)} = 1{,}734$. Da unser empirisch bestimmter t-Wert größer ist als der kritische t-Wert, ist der Korrelationskoeffizient signifikant. Wenn die ▶ Gl. 7.18 nach n umgestellt wird, kann der notwendige Stichprobenumfang bei vorausgesetzter Irrtumswahrscheinlichkeit, gewünschtem Korrelationskoeffizienten und dem zugehörigen kritischen t-Wert bestimmt werden.

7.4 Aufgaben zur Vertiefung

1. Wie lauten Nullhypothese und Alternativhypothese bei einem einseitigen Signifikanz-Test für den Pearson-Korrelationskoeffizienten?
2. Beispielaufgabe zur biserialen Korrelation

Da in der aktuellen SPSS-Version (IBM SPSS Statistics 25) die Bestimmung der biserialen Korrelation nicht explizit vorhanden ist, soll das folgende Beispiel die manuelle Berechnung demonstrieren. Eine andere Möglichkeit der Lösung dieser Aufgabe mit SPSS wäre die Anwendung nichtparametrischer Korrelationen (Spearmans Rho und Kendalls Tau-b).

Ein Trainingsgerät soll hinsichtlich verschiedener Merkmale bewertet werden. Hierzu wurde ein Fragebogen entwickelt, bei dem die Befragten (15 Personen, davon 8 weiblich und 7 männlich) unterschiedliche Merkmale (Funktionalität, Design, Handhabbarkeit, Spaß usw.) einschätzen sollten. Am Ende wurde eine Gesamtpunktzahl berechnet. Es soll nun geprüft werden, ob die Bevorzugung eines Gerätes geschlechtsabhängig ist. Die hierbei erreichten Gesamtpunktzahlen wurden rangskaliert, so dass man folgende (◘ Tab. 7.4) erhält.

Wir haben hier den Fall vorliegen, dass eine Variable (Geschlecht) dichotom und die andere Variable (Bewertung) rangskaliert ist.

Zunächst werden die durchschnittlichen Rangplätze $\bar{y}$ und die Summen der Rangplätze T der weiblichen und der männlichen Probanden bestimmt:

weibliche Probanden: $n_0 = 8$, $\overline{y_0} = 9{,}75$, $T_0 = 78$
männliche Probanden: $n_1 = 7$, $\overline{y_1} = 6{,}00$, $T_1 = 42$

◻ Tab. 7.4 Ergebnisse der Fragebogen-Auswertung in Bezug auf die Bewertung des Trainingsgeräts. 0 – weiblich, 1 – männlich

Proband	Geschlecht	Rangplatz y
1.	0	15
2.	0	2
3.	0	12
4.	1	10
5.	0	11
6.	1	1
7.	1	8
8.	0	5
9.	1	9
10.	0	13
11.	0	6
12.	0	14
13.	1	3
14.	1	7
15.	1	4

Nach Glass (1966) kann die folgende Berechnungsvorschrift für den biserialen Rangkorrelationskoeffizienten r_{bisR} verwendet werden:

$$r_{\text{bisR}} = \frac{2}{n} \cdot (\overline{y_1} - \overline{y_0}) \qquad (7.19)$$

Damit erhalten wir:

$$r_{\text{bisR}} = \frac{2}{15} \cdot (6{,}00 - 9{,}75) = -0{,}50$$

Dies würde einen mittleren Zusammenhang bedeuten.

Für den Signifikanztest, dass die Nullhypothese angenommen wird (kein korrelativer Zusammenhang), muss zunächst U berechnet werden:

$$U = n_0 \cdot n_1 + \frac{n_0 \cdot (n_0 + 1)}{2} - T_0 = 8 \cdot 7 + \frac{8 \cdot 9}{2} - 78 = 14 \qquad (7.20)$$

Bei einem ausreichend großen Stichprobenumfang kann der z-Wert berechnet werden. Da dies aber in unserem Beispiel nicht der Fall ist, entnehmen wir für die Wahrscheinlichkeit der U-Test-Tabelle (z. B. in Bortz 1999) für unsere Stichprobenumfänge $n_0 = 8$ sowie $n_1 = 7$ und $U = 14$ den Wert 0,06.

◘ Tab. 7.5   Vierfelder-Kontingenztafel zur Aufgabe 3

	♂	♀	
Gerät 1 bevorzugt	6	9	15
Gerät 2 bevorzugt	18	7	25
	24	16	40

Da dieser größer als $p = 0{,}05$ ist, ist unser berechneter korrelativer Zusammenhang nicht signifikant.

3. Beispielaufgabe zum Phi-Koeffizienten

Diese Aufgabe behandelt einen ähnlichen Sachverhalt wie die vorherige Aufgabe 2. Es soll überprüft werden, ob die Bevorzugung eines Gerätes, wobei diesmal zwischen zwei Geräten gewählt werden soll (Gerät 1 und Gerät 2), geschlechtsabhängig ist. An der Befragung nahmen 40 Probanden teil (24 männlich und 16 weiblich). Die Ergebnisse enthält die Vierfeldertafel (◘ Tab. 7.5).

Zur Berechnung des Phi-Koeffizienten entnehmen wir der ◘ Tab. 7.5 folgende Werte: $a = 6$, $b = 9$, $c = 18$, und $d = 7$.

Wir berechnen nun die Phi-Koeffizienten nach ▶ Gl. 7.15:

$$\Phi = \frac{6 \cdot 7 - 9 \cdot 18}{\sqrt{17 \cdot 25 \cdot 24 \cdot 16}} = 0{,}297$$

Nach ▶ Gl. 7.17 ergibt sich:

$$\chi^2 = 15 \cdot 0{,}297^2 = 1{,}323$$

Der kritische χ^2-Wert kann in der entsprechenden Tafel mit $\chi^2_{1;95\,\%} = 3{,}84$ abgelesen werden. Da der berechnete χ^2-Wert kleiner als der kritische Wert ist, ist der Zusammenhang statistisch nicht abgesichert. Es kann also nicht geschlussfolgert werden, dass die Bevorzugung eines Gerätes geschlechtsabhängig ist.

In SPSS kann die Berechnung folgendermaßen erfolgen. Zunächst wird eine Kreuztabelle erstellt und anschließend unter „Kreuztabellen Statistik" die jeweilige Berechnung durchgeführt.

7.5 Hinweise zur Bearbeitung von Aufgaben aus dem Band 2

■ **Kap. 3/Untersuchung 2: Bewegungsvariabilität in Abhängigkeit von der Bewegungsgeschwindigkeit**

– Es soll ein möglicher Zusammenhang zwischen der Variabilität der Schrittdauer und der Ganggeschwindigkeit gefunden und statistisch abgesichert werden.

- Berechnen Sie auf der Basis von 25 Schritten den Variabilitätskoeffizienten für jede Geschwindigkeitsstufe.
- Versuchen Sie 10 Geschwindigkeitsstufen (oder auch mehr) zu realisieren. Erstellen Sie ein Diagramm. Welchen Zusammenhang vermuten Sie?
- Formulieren Sie Null- und Alternativhypothese.
- Da es sich um intervallskalierte Daten handelt, könnte der Produkt-Moment-Korrelationskoeffizient nach Pearson angewendet werden.
- Überprüfen Sie die Voraussetzungen.
- Tragen Sie die Daten in SPSS ein und berechnen Sie den Koeffizienten nach Pearson.
- Interpretieren Sie die ausgegebenen Daten. Falls Ihre Daten nicht normalverteilt sind, überlegen Sie, ob dennoch dieser Koeffizient gültig ist oder ob ein anderes Verfahren verwendet werden sollte.
- Formulieren Sie Ihr Ergebnis.

Literatur

Bortz, J. (1999). *Statistik für Sozialwissenschaftler*. Berlin: Springer.

Glass, G. V. (1966). Note on rank-biserial correlation. *Educational and Psychological Measurement, 26,* 623–631 (Zit. in Bortz 1999 S. 222).

Kuckartz, U., Rädiker, S., Ebert, T., & Schehl, J. (2013). *Statistik. Eine verständliche Erklärung*. Wiesbaden: Springer Fachmedien.

Leone, C., Feys, P., Moumdjian, L., D'Amico, E., Zappia, M., & Patti, F. (2017). Cognitive-motor dual-task interference: A systematic review of neural correlates. *Neuroscience and Biobehavioral Reviews, 75,* 348–360.

Rasch, B., Friese, M., Hofmann, W., & Naumann, E. (2014). *Quantitative Methoden 1. Einführung in die Statistik für Psychologen und Sozialwissenschaftler* (4. Aufl.). Berlin: Springer.

Roemer, K., Kuhlmann, C. H., & Milani, T. L. (2007). *Body angles in volleyball spike investigated by modelling methods*. In H. J. Menzel & M. H. Chagas (Hrsg.), Proceedings. XXV Annual Symposium of the International Society of Biomechanics in Sports (ISBS), S. 329–333. Belo Horizonte.

Stephanie A. (2015). Kognition und Motorik. *Therapeutische Umschau, 72,* 219–224. ▶ https://doi.org/10.1024/0040-5930/a000668.

Varianzanalytische Methoden

8.1   Einleitung und Überblick – 98

8.2   Einfaktorielle Varianzanalyse – 101
8.2.1   Grundprinzip – 101
8.2.2   Statistische Ergänzungen – 105

8.3   Zweifaktorielle Varianzanalyse – 107

8.4   Varianzanalyse mit Messwiederholung – 108

8.5   Nichtparametrische Verfahren – 110
8.5.1   Kruskal-Wallis-Test – 110
8.5.2   Friedman-Test – 111

8.6   Aufgaben zur Vertiefung – 112

8.7   Hinweise zur Bearbeitung von Aufgaben aus dem Band 2 – 118

Literatur – 118

© Springer-Verlag GmbH Deutschland, ein Teil von Springer Nature 2019
K. Witte, *Angewandte Statistik in der Bewegungswissenschaft (Band 3)*,
https://doi.org/10.1007/978-3-662-58360-9_8

Wir haben gelernt, welche Verfahren es gibt, um zwei Stichproben hinsichtlich ihrer Mittelwerte miteinander zu vergleichen und das Ergebnis statistisch abzusichern. Durch die Varianzanalyse kann nun die Anzahl der miteinander zu vergleichenden Gruppen erhöht werden. Weiterhin ist es möglich, nicht nur den Einfluss eines Merkmals, sondern auch mehrerer zu untersuchen. In vielen Studien werden Untersuchungen mit Messwiederholungen durchgeführt. Auch hier gibt es ein passendes Verfahren der Varianzanalyse. Ähnlich wie für den t-Test existieren auch in Bezug zur Varianzanalyse nichtparametrische Verfahren: Kruskal-Wallis-Test und Friedman-Test.

8.1 Einleitung und Überblick

Bisher haben wir meist den Einfluss einer Variablen auf eine andere oder Unterschiede zwischen zwei Stichproben untersucht. Doch was ist zu tun, wenn man mehr als zwei Stichproben hat oder wenn das Merkmal mehrere Abstufungen besitzt. Folgende Beispiele sollen dies veranschaulichen:

- Welche Farbe (Rot, Blau, Grün oder Gelb) löst eine möglichst schnelle Reaktion aus?
- Erzielt eine Trainingsintervention bei Menschen unterschiedlichen Alters den gleichen Effekt?
- Wie verändern sich kognitive und motorische Fähigkeiten im Verlauf der Zeit?

Denken wir an den t-Test zurück (▶ Abschn. 6.2), so wurden dort zwei Stichproben hinsichtlich ihres Mittelwertes verglichen. Eine Varianzanalyse kann nun testen, inwiefern bspw. drei Gruppen aus einer Grundgesamtheit stammen. Dies veranschaulicht die ◻ Abb. 8.1 als Erweiterung der ◻ Abb. 6.1 zum t-Test.

Für derartige Fragestellungen bieten sich also Varianzanalysen an. Varianzanalytische Methoden dienen der Prüfung der Auswirkung einer (oder mehrerer) mehrfach gestuften unabhängigen Variablen (UV) auf eine (oder mehrere) abhängige Variablen (AV). Eine unabhängige Variable nennt man auch Einflussvariable. Sie ist also die Variable, die vom Versuchsleiter variiert wird oder nach der die Probanden den verschiedenen Gruppen zugeteilt werden. Die abhängige Variable wird auch als Zielvariable bezeichnet. Hat man nur eine Zielvariable wird die univariate Varianzanalyse ANOVA (analysis of variance) angewendet. Dagegen findet die multivariate Varianzanalyse MANOVA (multivariate analysis of variance) Anwendung, wenn mehrere Zielvariablen vorhanden sind. Wir wollen uns nachfolgend ausschließlich mit der ANOVA

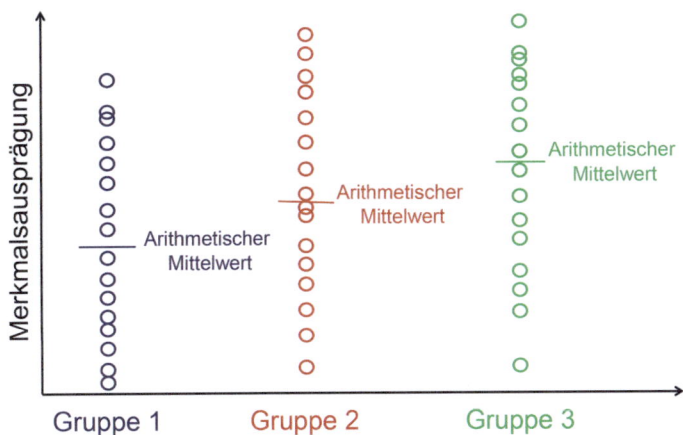

◘ Abb. 8.1 Schematische Darstellung der Verteilung der Merkmalsausprägung dreier Gruppen

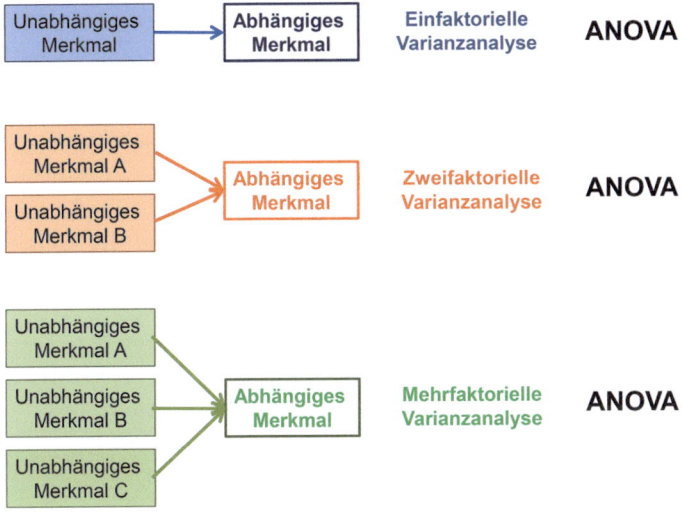

◘ Abb. 8.2 ANOVA: Übersicht über ein-, zwei- und mehrfaktorielle Varianzanalysen

beschäftigen. Die ◘ Abb. 8.2 gibt eine Übersicht über ein-, zwei- und mehrfaktorielle Varianzanalysen.

Die Varianzanalyse testet die Nullhypothese, ob sich die Gruppen, resultierend aus einer durch verschiedene Faktorstufen spezifizierten Grundgesamtheit (oder Population) hinsichtlich der abhängigen Variable nicht unterscheiden. Die Varianzanalyse kann auch als Verallgemeinerung des t-Tests angesehen werden, wenn mehr als zwei Stufen eines Faktors oder mehrere Faktoren gleichzeitig berücksichtigt werden. Die Null- und

Alternativhypothesen lassen sich für Varianzanalysen folgendermaßen formulieren:

- Nullhypothese: Alle Mittelwerte der Abstufungen/Gruppen sind gleich.
- Alternativhypothese: Mindestens zwei Abstufungen/Gruppen unterscheiden sich hinsichtlich ihres Mittelwertes.

Es ist wichtig darauf hinzuweisen, dass mit Hilfe einer ANOVA nur getestet werden kann, ob sich zwei Abstufungen bzw. Gruppen hinsichtlich des Mittelwertes des betrachteten Merkmals unterscheiden. Man weiß jedoch nicht, um welche Abstufungen bzw. Gruppen es sich konkret handelt. Hierzu sind weiterführende Tests (Post hoc) notwendig.

Die ◘ Abb. 8.3 gibt einen Überblick über die varianzanalytischen Methoden im Vergleich zum t-Test. Wir sehen außerdem, dass es wiederum auch nichtparametrische Tests gibt. Nachfolgend soll auf die Verfahren unter dem Aspekt der Anwendbarkeit eingegangen werden.

Aus der ◘ Abb. 8.3 könnte sich die Frage ergeben, in welchem Verhältnis der t-Test zur Varianzanalyse steht. Zunächst ist festzustellen, dass die Anwendung der Varianzanalyse auf zwei unabhängige Stichproben das gleiche Ergebnis wie der t-Test für unabhängige Stichproben liefert. Daraus könnte man die Frage ableiten, ob eine Varianzanalyse nicht durch mehrere t-Tests für unabhängige Stichproben ersetzbar ist. Eine naheliegende Antwort wäre der ökonomische Aspekt. Entsprechend der Anzahl der unabhängigen Variablen müsste eine große Anzahl von

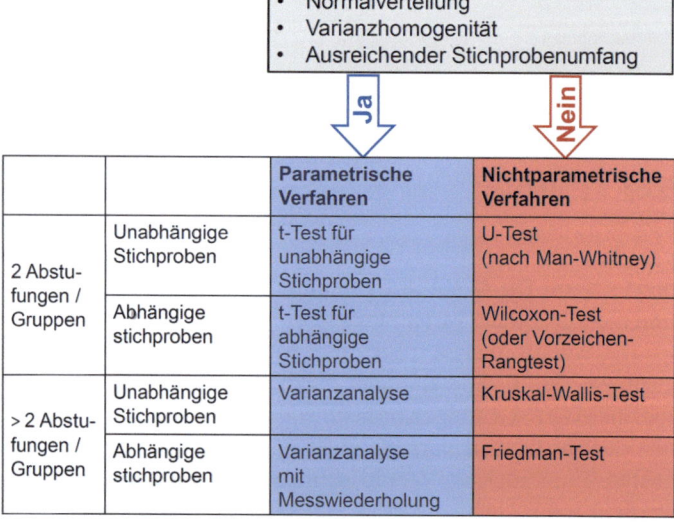

◘ Abb. 8.3   Überblick über statistische Verfahren für Vergleiche zwischen Gruppen bzw. Abstufungen

einzelnen t-Tests durchgeführt werden, um jede mögliche Paar-konfiguration zu überprüfen. Ein weiterer, statistisch wichtigerer Aspekt ist die sogenannte α-Fehler-Kumulierung. Da bei jedem t-Test ein zufällig signifikantes Ergebnis auftreten kann, würde sich die Anzahl der möglichen Fehlentscheidungen erhöhen. Wird bspw. die Irrtumswahrscheinlichkeit mit 5 % ($\alpha = 0{,}05$) festgelegt, würden bei 100 Signifikanztests fünf Tests die Null-hypothese fälschlicherweise verwerfen. Nach Rasch et al. (2014) hängt die Größe des wahren α-Fehlers (α_{gesamt}) von der Anzahl der durchgeführten Tests (m) und dem festgelegten α-Niveau dieser einzelnen Tests (α_{Test}) ab:

$$\alpha_{gesamt} = 1 - (1 - \alpha_{Test})^m \qquad (8.1)$$

Für drei Stichproben müssten drei t-Tests durchgeführt werden ($m = 3$). Damit ergibt sich der α-Fehler zu

$$\alpha_{gesamt} = 1 - (1 - 0{,}05)^3 = 0{,}14$$

Damit liegt die tatsächliche Irrtumswahrscheinlichkeit bei 14 % und nicht wie bei den Einzeltests bei 5 %.

Abschließend sollen noch die Voraussetzungen für die Anwendung der Varianzanalyse genannt werden (Rasch et al. 2014):

- Intervallskalierung und Normalverteilung der abhängigen Variablen (Zielvariablen).
- Varianzhomogenität: Die Varianzen der Populationen der untersuchten Gruppen sind gleich.
- Die unabhängigen Variablen sind auch unabhängig von-einander.

Die Überprüfung dieser Voraussetzungen erfolgt in der Regel im Rahmen eines Statistik-Programms. Dabei werden meist der Shapiro-Wilk-Test (Test auf Normalverteilung) und der Levene-Test (Test auf Varianzhomogenität) verwendet.

8.2 Einfaktorielle Varianzanalyse

8.2.1 Grundprinzip

Zuerst wollen wir klären, woher der Begriff der Varianzanalyse kommt. Allgemein kann gesagt werden, dass durch die Varianz-analyse Varianzen und Prüfgrößen berechnet werden, um Gesetzmäßigkeiten zwischen Einflussvariablen und Zielvariablen aufzudecken. Dabei dienen die Prüfgrößen der Feststellung, ob die Varianz zwischen den Gruppen größer ist als die Varianz innerhalb der Gruppen. So kann geklärt werden, ob sich die Gruppen signifikant voneinander unterscheiden, also alle einer

Grundgesamtheit angehören. Null- und Alternativhypothese lassen sich folgendermaßen formulieren:

$$H_0 : \mu_1 = \mu_2 = \mu_3 = \cdots = \mu_n$$
$$H_1 : \mu_i \neq \mu_{i'}$$

Das Grundprinzip der Varianzanalyse besteht also darin, die auftretenden Varianzen in der Stichprobe zu berechnen. Dabei teilt sich die Gesamtvarianz in zwei Teile auf:

— Treatmentvarianz oder Varianz zwischen den Gruppen, die durch die „Behandlung" entsteht und deren Effekt untersucht wird,

— Fehlervarianz oder Varianz innerhalb der Gruppen, bspw. auf Grund des Wirkens von Störvariablen oder Messungenauigkeiten, die unabhängig vom Treatment ist.

Die Vorgehensweise wird in Anlehnung an Bortz (1999) bzw. Kuckartz et al. (2013) beschrieben.

Im Unterschied zur Berechnung der Varianz für eine Stichprobe s^2 (▶ Gl. 7.2) wird in der Varianzanalyse der Schätzwert der Varianz für die Grundgesamtheit bestimmt ($\hat{\sigma}^2$) Ein weiterer Unterschied ist, dass nicht durch die Anzahl der Fälle, Probanden usw. dividiert wird, sondern durch die Anzahl der Freiheitsgrade df. Damit erhält man allgemein für die Berechnung der Varianz folgende Gleichung:

$$\hat{\sigma}^2 = \frac{\sum_{i=1}^m \sum_{j=1}^k \left(x_{ij} - \bar{x} \right)^2}{df} \tag{8.2}$$

Der Index i steht für die Fallzahl und der Index j für die Faktorstufe. Der Zähler in der ▶ Gl. 8.2 wird auch als Quadratsumme (QS) bezeichnet, da es sich um die Summe aller quadrierten Abweichungen der Einzelwerte vom Mittelwert handelt. Die Gesamtabweichung oder auch totale Abweichung ergibt sich aus der Summe der Abweichung resultierend aus der Bearbeitung (Treatment) und der Abweichung resultierend aus natürlichen Varianzen und Messfehlern innerhalb einer Stufe oder Gruppe. In Analogie zur Varianz teilt sich die totale Quadratsumme (QS_{tot}) in die Summanden Treatmentquadratsumme (QS_{Treat}) und Fehlerquadratsumme (QS_{Fehler}) auf:

$$QS_{tot} = QS_{Treat} + QS_{Fehler} \tag{8.3}$$

Auch für die Freiheitsgrade gibt es eine ähnliche Vorgehensweise:

$$df_{tot} = df_{Treat} + df_{Fehler} \tag{8.4}$$

Die Gleichungen für die jeweiligen Quadratsummen und die Freiheitsgrade werden in der Literatur Bortz (1999), Rasch et al. (2014) folgendermaßen angegeben:

Im Fall der Gesamtbetrachtung ergibt sich die Quadratsumme zu:

$$QS_{tot} = \sum_i \sum_j \left(x_{ji} - \overline{G}\right)^2, \tag{8.5}$$

wobei $\overline{G} \triangleq \overline{x}$ (als arithmetischer Mittelwert über alle Messwerte, d. h. Fallzahlen und Faktorstufen) und sich die Anzahl der Freiheitsgrade berechnet mit:

$$df_{tot} = n \cdot p - 1 \tag{8.6}$$

und die geschätzte Varianz damit zu:

$$\hat{\sigma}^2_{tot} = \frac{QS_{tot}}{df_{tot}} = \frac{\sum_i \sum_j \left(x_{ji} - \overline{G}\right)^2}{n \cdot p - 1}, \tag{8.7}$$

j – Faktorstufe, i Nummer des Falls, p – Gesamtanzahl der Faktorstufen, n – Gesamtanzahl der Messwerte pro Faktorstufe.

Für das Treatment erhält man die Quadratsumme zu:

$$QS_{Treat} = n \cdot \sum_{i=1}^{n} \left(\overline{A}_i - \overline{G}\right)^2, \tag{8.8}$$

die Anzahl der Freiheitsgrade mit:

$$df_{Treat} = p - 1 \tag{8.9}$$

und die geschätzte Varianz damit zu:

$$\hat{\sigma}^2_{Treat} = \frac{QS_{Treat}}{df_{Treat}} = \frac{n \cdot \sum_{i=1}^{n} \left(\overline{A}_i - \overline{G}\right)^2}{p - 1}, \tag{8.10}$$

mit $\overline{A}_i$ als dem Mittelwert aller Messwerte der Faktorstufe j.

Analog verhält es sich für die Berechnung der Fehlervarianz. Die Fehlerquadratsumme bestimmt sich zu:

$$QS_{Fehler} = \sum_i \sum_j \left(x_{ji} - \overline{A}_i\right)^2 \tag{8.11}$$

und die Anzahl der Freiheitsgrade wird berechnet mit Hilfe von:

$$df_{Fehler} = p \cdot (n - 1). \tag{8.12}$$

Die geschätzte Varianz ergibt sich damit zu:

$$\hat{\sigma}^2_{Fehler} = \frac{QS_{Fehler}}{df_{Fehler}} = \frac{\sum_i \sum_j \left(x_{ji} - \overline{A}_i\right)^2}{p \cdot (n - 1)} \tag{8.13}$$

Gehen wir die Berechnungen an einem konstruierten Beispiel durch.

Es soll der Einfluss des Feedbacks im Trainingsprozess auf die Technik im leichtathletischen Wurf/Stoß untersucht werden. Dabei wird die Qualität der Technik nach einem vierwöchigen Training mit unterschiedlichem Feedback von einem Experten mit Hilfe einer zehnstufigen Rangskala bewertet: 1 – sehr schlecht und 10 – sehr gut. Gruppe 1 (Gr. 1) trainierte ohne Feedback, wobei lediglich über die Wurfleistung informiert wurde. Die Athleten der Gruppe 2 (Gr. 2) bekamen nach jeder Trainingseinheit eine generelle Einschätzung auf der Basis von Videos. Die Werfer der Gruppe 3 (Gr. 3) erhielten nach jedem Wurf/Stoß eine Fehlereinschätzung auf Video- und Sensorbasis. Zwischen den Leistungen der drei Gruppen vor dem Training bestand kein signifikanter Unterschied. Für ein besseres Nachvollziehen der Berechnungen soll jede Gruppe nur aus fünf Probanden bestehen.

Daraus ergeben sich die folgenden Messwerttabellen (■ Tab. 8.1, 8.2, 8.3).

Auf der Basis der ▶ Gl. 8.11, 8.12 und 8.13 lassen sich berechnen:

$$QS_{\text{Fehler}} = 10 + 4 + 16 = 30$$

$$df_{\text{Fehler}} = 3 \cdot (5 - 1) = 12$$

$$\hat{\sigma}^2_{\text{Fehler}} = \frac{30}{12} = 2{,}5$$

Die Treatmentvarianz berechnen wir aus ▶ Gl. 8.8, 8.9 und 8.10 zu:

$$QS_{\text{Treat}} = 15 + 4 + 12 = 31$$

$$df_{\text{Treat}} = 3 - 1 = 2$$

$$\hat{\sigma}^2_{\text{Treat}} = \frac{31}{2} = 15{,}5$$

■ **Tab. 8.1** Leistungseinschätzungen der Wurf- bzw. Stoßtechnik nach dem Training durch den Experten für die Gruppe 1

Proband	Gr. 1 x_{i1}	$\lvert x_{i1} - \bar{A}_i \rvert$	$(x_{i1} - \bar{A}_i)^2$	$\lvert x_{i1} - \bar{G} \rvert$	$(x_{i1} - \bar{G})^2$
1	7	2	4	1	1
2	5	0	0	1	1
3	3	2	4	3	9
4	4	1	1	2	4
5	6	1	1	0	0
$\bar{G} = 6$	$\bar{A}_i = 5$		$\sum_i (x_{i1} - \bar{A}_i)^2 = 10$		$\sum_i (\bar{x}_{i1} - \bar{G})^2 = 15$

◼ Tab. 8.2 Leistungseinschätzungen der Wurf- bzw. Stoßtechnik durch den Experten für die Gruppe 2

Proband	Gr. 2 x_{i2}	$\lvert x_{i2} - \overline{A}_i \rvert$	$(x_{i2} - \overline{A}_i)^2$	$\lvert x_{i2} - \overline{G} \rvert$	$(x_{i2} - \overline{G})^2$
6	5	1	1	1	1
7	7	1	1	1	1
8	6	0	0	0	0
9	5	1	1	1	1
10	7	1	1	1	1
$\overline{G} = 6$	$\overline{A}_i = 6$		$\sum_i (x_{i2} - \overline{A}_i)^2 = 4$		$\sum_i (\overline{x}_{i2} - \overline{G})^2 = 4$

◼ Tab. 8.3 Leistungseinschätzungen der Wurf- bzw. Stoßtechnik durch den Experten für die Gruppe 3

Proband	Gr. 3 x_{i3}	$\lvert x_{i3} - \overline{A}_i \rvert$	$(x_{i3} - \overline{A}_i)^2$	$\lvert x_{i3} - \overline{G} \rvert$	$(x_{i3} - \overline{G})^2$
11	6	1	1	0	0
12	8	1	1	2	4
13	4	3	9	2	4
14	8	1	1	2	4
15	9	2	4	3	0
$\overline{G} = 6$	$\overline{A}_i = 7$		$\sum_j (x_{i3} - \overline{A}_i)^2 = 16$		$\sum_i (\overline{x}_{i3} - \overline{G})^2 = 12$

Betrachtet man die beiden Varianzen $\hat{\sigma}^2_{\text{Fehler}}$ und $\hat{\sigma}^2_{\text{Treat}}$ ist festzustellen, dass die durch die Feedbackwirkung erzeugte Varianz $\hat{\sigma}^2_{\text{Treat}}$ wesentlich höher ist als die Varianz durch Abweichungen der Leistungen der Athleten innerhalb der Gruppen $\hat{\sigma}^2_{\text{Fehler}}$. Das bedeutet für die Beantwortung der Fragestellung, dass das Feedback im Training die Technikleistung der Athleten beeinflusst.

Den Quotienten aus den beiden Quadratsummen QS_{Treat} und $QS_{\text{tot}}(= QS_{\text{Fehler}} + QS_{\text{Treat}})$, bezogen auf 100 %, bezeichnet man als Varianzaufklärung η^2. In unserem Fall wäre die Varianzaufklärung 51 %.

8.2.2 Statistische Ergänzungen

Um die Alternativhypothese, dass sich das Training mit unterschiedlichem Feedback auf die Technikleistung auswirkt, statistisch zu belegen, muss nun geprüft werden, ob die Treatmentvarianz auch signifikant größer ist als die Fehlervarianz.

Hierzu wird der *F*-Wert (bezogen auf das Beispiel in
▶ Abschn. 8.2.1) berechnet:

$$F = \frac{\hat{\sigma}^2_{\text{Treat}}}{\hat{\sigma}^2_{\text{Fehler}}} = \frac{15,5}{2,5} = 6,2 \qquad (8.14)$$

Dieser *F*-Wert wird mit dem zu erwartenden *F*-Wert bei $(p-1)$
Zählerfreiheitsgraden und $p(n-1)$ Nennerfreiheitsgraden bei
$\alpha = 5\,\%$ bzw. $\alpha = 1\,\%$ verglichen. Aus der Tabelle zur Verteilungsfunktion der *F*-Verteilungen (z. B. in Bortz 1999) können wir die kritischen *F*-Werte ablesen: $F_{(2,12;95\,\%)} = 3{,}89$ und
$F_{(2,12;99\,\%)} = 6{,}93$. Da unser empirischer *F*-Wert größer ist als der
kritische F-Wert für $\alpha = 5\,\%$, wird die Nullhypothese verworfen
und die Alternativhypothese bestätigt.

Zur Ermittlung der optimalen Stichprobenumfänge sollte
man die Mindestdifferenz zwischen den Maximal- und Minimal-
werten der Gesamtstichprobe vorgeben bzw. abschätzen. Durch
die Berechnung der Effektgröße ε kann dann tabellarisch der
optimale Stichprobenumfang ermittelt werden (Bortz 1999).
Zwischen der Effektstärke ε und dem schon besprochenen
Anteil erklärter Varianz (η^2) besteht folgender mathematischer
Zusammenhang:

$$\varepsilon = \sqrt{\frac{\eta^2}{1 - \eta^2}} \qquad (8.15)$$

Rasch et al. (2014) geben zur Berechnung des optimalen Stichprobenumfangs folgende Gleichung an:

$$N = \frac{\lambda_{(df_{\text{Zähler}};\,1-\beta;\,\alpha)}}{\Phi} \qquad (8.16)$$

Dabei ist:

$$\Phi^2 = \frac{\Omega^2}{1 - \Omega^2} \qquad (8.17)$$

Die Bestimmung von λ (Nonzentralitätsparameter) erfolgt tabellarisch (Bortz 1999; Rasch et al. 2014).

Nachdem man evtl. herausgefunden hat, dass sich mindestens zwei Gruppen voneinander unterscheiden, möchte man
nun wissen, welche Gruppen sich tatsächlich voneinander unterscheiden. Hierzu bieten sich als sogenannte Post-hoc-Tests der
Tukey-Test, die Bonferroni-Korrektur und der Scheffè-Test an,
die entsprechend zusätzlich (in der SPSS-Software) ausgewählt
werden können. Außerdem können bei entsprechender Auswahl
mit Hilfe von Boxplots Mittelwerte und Standardabweichungen
für die einzelnen Faktoren bzw. Gruppen grafisch dargestellt

werden. Meist werden in der Statistik-Software (z. B. IBM Statistics SPSS 25) weiterhin ausgegeben:

- Ergebnisse der Levene-Statistik (n. s. bedeutet Varianzhomogenität),
- Quadratsummen und Freiheitsgrade zwischen den Gruppen (bedeutet Treatment),
- Quadratsummen und Freiheitsgrade innerhalb der Gruppen (bedeutet Fehler),
- F-Wert,
- Signifikanz der Varianzanalyse.

8.3 Zweifaktorielle Varianzanalyse

Oft ist die abhängige Variable (Zielvariable) nicht nur von einer unabhängigen Variablen oder einem Treatment abhängig. Je nach Anzahl der unabhängigen Variablen spricht man von zwei- oder mehrfaktoriellen Varianzanalysen. Bei der zweifaktoriellen Varianzanalyse wird also überprüft, ob Abhängigkeiten der abhängigen Variablen zu den beiden unabhängigen Variablen (oder Faktoren) bestehen. Beide unabhängigen Variablen (Faktoren) können wiederum gestuft sein.

Nachfolgend werden wir nicht in der Ausführlichkeit wie im ▶ Abschn. 8.2 für die einfaktorielle Varianzanalyse auf die zweifaktorielle Varianzanalyse eingehen, sondern nur wesentliche Inhalte zum Verständnis für die Anwendung erläutern. Details sind in der weiterführenden Literatur (z. B. Bortz 1999; Rasch et al. 2014 und Wentura und Pospeschill 2015 u. a.) zu finden.

Nachfolgend (◼ Tab. 8.4) werden ein paar Beispiele für mögliche Anwendungen einer zweifaktoriellen Varianzanalyse in der Bewegungswissenschaft gegeben.

Für die weiteren Betrachtungen gehen wir davon aus, dass wir einen Faktor A mit p Stufen und einen Faktor B mit q Stufen haben.

Wie bei der einfaktoriellen Varianzanalyse werden Mittelwertsunterschiede mit Hilfe des F-Tests überprüft. Durch den zweiten Faktor gibt es aber drei Arten von Mittelwertsunterschieden:

- Mittelwertsunterschiede in den Stufen des Faktors A,
- Mittelwertsunterschiede in den Stufen des Faktors B und
- Mittelwertsunterschiede durch die Wechselwirkung beider Faktoren A und B.

Damit haben wir zwei Haupteffekte und einen weiteren Effekt durch die Wechselwirkung der beiden Faktoren $(A \times B)$. Der Haupteffekt A charakterisiert den Einfluss des Faktors A auf die abhängige Variable, unabhängig von der Variablen B. Der Haupteffekt B charakterisiert den Einfluss des Faktors B auf die abhängige Variable, unabhängig von der Variablen A. Die Wechselwirkung

◻ **Tab. 8.4**   Beispiele für mögliche Anwendungen der zwei-faktoriellen Bewegungsanalyse in der Bewegungswissenschaft

Zielvariable	Unabhängige Variablen
Motorische Eigenschaft	Alter, Geschlecht
Sportliche Leistungsfähigkeit	Expertise, Geschlecht
Sportliche Leistungsfähigkeit	Komplexität der Bewegung, Expertise
Wettkampferfolg im Kampfsport	Reaktionszeit, motorische Zeit
Sportliche Leistungsfähigkeit	Anthropometrische Daten, konditionelle Fähigkeiten
Motorische Lernleistung	Alter, Bewegungserfahrung
Sturzrisiko im Alter	Kraftfähigkeiten der unteren Extremitäten, Gleichgewichtsfähigkeit

8

oder Interaktion $A \times B$ kennzeichnet dagegen den gemeinsamen Einfluss von bestimmten Stufen der Faktoren A und B auf die abhängige Variable.

Damit ergeben sich drei voneinander unabhängige Nullhypothesen, die sich auf die beiden Haupteffekte und die Wechselwirkung beziehen:

— für Faktor A : $H_0 : \mu_1 = \mu_2 = \cdots = \mu_p$,
— für Faktor B : $H_0 : \mu_1 = \mu_2 = \cdots = \mu_q$,
— zwischen den beiden Faktoren besteht keine Interaktion.

Damit ergeben sich für die beiden Faktoren und deren Wechselwirkung folgende Freiheitsgrade:

$$df_A = p-1, \; df_B = q-1, \text{ und } df_{A \times B} = (p-1)(q-1)$$

Entsprechend werden auch die Signifikanztests mit den entsprechenden F-Tests durchgeführt.

Abschließend sei hinzugefügt, dass die Voraussetzungen für die zweifaktorielle Varianzanalyse denen der einfaktoriellen Varianzanalyse entsprechen.

8.4 Varianzanalyse mit Messwiederholung

Bis jetzt haben sich unsere Erläuterungen ausschließlich auf die Varianzanalyse mit unabhängigen Stichproben (siehe ◻ Abb. 8.3) bezogen. Wie beim t-Test, können die Stichproben aber auch abhängig voneinander sein. Dies trifft insbesondere dann zu, wenn es sich um Messwiederholungen handelt. Damit ist eine einfaktorielle Varianzanalyse mit Messwiederholung eine Erweiterung des t-Tests für abhängige Stichproben.

Tab. 8.5 Tabellarische Datenerfassung für eine einfaktorielle Varianzanalyse mit Messwiederholung

Probanden-Nr.	Variable A (morgens)	Variable A (mittags)	Variable A (abends)
1	$a_{\text{morgens 1}}$	$a_{\text{mittags 1}}$	$\alpha_{\text{abends 1}}$
...	$a_{\text{morgens ...}}$	$a_{\text{mittags...}}$	$a_{\text{abends ...}}$
n	$a_{\text{morgens }n}$	$a_{\text{mittags }n}$	$a_{\text{abends }n}$

Ein Beispiel hierfür wäre eine Untersuchung zur Abhängigkeit eines Testergebnisses von der Tageszeit (morgens, mittags, abends). Die entsprechende Datentabelle würde dann wie ◘ Tab. 8.5 aussehen.

Die Hypothesen H_0 und H_1 werden analog zur einfaktoriellen Varianzanalyse aufgestellt. Die Nullhypothese würde also für unser Beispiel lauten, dass das Testergebnis nicht von der Tageszeit abhängig ist. Generell lassen sich zwei Quellen für die Varianzen finden. Es gibt einmal die Leistungsschwankungen innerhalb der Stufung (also während einer Tageszeit zwischen den Probanden) und zwischen den Stufungen (Tageszeiten).

Es ist also zu hinterfragen, woraus die Schwankungen der einzelnen Testleistungen der Probanden resultieren: aus der Schwankung zwischen den Probanden oder aus dem Zeiteinfluss durch die verschiedenen Tageszeiten. Diese Frage kann für sportmotorische Studien sehr entscheidend sein. Wird doch danach gefragt, ob die Leistung abhängig von der Zeit ist. Bei Reliabilitätstests sollte dies möglichst nicht der Fall sein. Interessiert aber ein Lernfortschritt, sollte eine Zeitabhängigkeit der Variablen anzunehmen sein.

Voraussetzung für die Varianzanalyse mit Messwiederholung ist die „Compound symmetry" (homogene Stichprobenvarianzen und -korrelationen), die einerseits die Homogenität der Stichprobenvarianzen zu den einzelnen Messzeitpunkten und andererseits die identischen Korrelationen zwischen jedem Paar von Messzeitpunkten bedeutet. Ein etwas schwächerer Test ist der Test auf Sphärizität, der bspw. mit dem Mauchy-Test realisiert wird. Ist das Ergebnis nicht signifikant, kann Sphärizität angenommen werden, womit die Voraussetzung für die einfaktorielle Varianzanalyse mit Messwiederholung erfüllt ist.

Für den Signifikanztest wird die Nullhypothese mit dem F-Wert überprüft:

$$F = \frac{\hat{\sigma}_{\text{Treat}}^2}{\hat{\sigma}_{\text{Res}}^2} \tag{8.18}$$

Die Schätzung der Residualvarianz $\hat{\sigma}^2_{Res}$ erfolgt über die Berechnung der Abweichung der empirischen Messwerte von den zu erwartenden Mittelwerten zu den Messzeitpunkten und der Personenmesswerte. Allgemein ist damit die Schätzung der Varianz der Wechselwirkung zwischen zwei Faktoren zu verstehen. Spezifiziert auf die Varianzanalyse mit Messwiederholung setzt sich der Erwartungswert der Residualvarianz aus der Wechselwirkung zwischen dem Personenfaktor und den Messzeitpunkten des betrachteten Faktors (*A*) und dem sogenannten Messfehler zusammen (Rasch et al. 2014).

Abschließend ist zu bemerken, dass auch mehrfaktorielle Varianzanalysen mit Messwiederholung möglich sind.

8.5 Nichtparametrische Verfahren

8.5.1 Kruskal-Wallis-Test

Der Kruskal-Wallis-Test (auch H-Test) wird verwendet, wenn ordinalskalierte Daten von mehr als zwei Gruppen vorliegen. Er ist damit die Alternative für die einfaktorielle Varianzanalyse, wenn die Voraussetzungen für die Varianzanalyse nicht erfüllt sind. Analog zum U-Test müssen also Rangskalen für die Stufen des Faktors vorliegen, d. h., bei Verwendung von intervallskalierten Werten müssen zuerst Rangplätze zugeordnet werden.

Mögliche Fragestellungen, die mit einem Kruskal-Wallis-Test bearbeitet werden könnten, sind:

- Unterscheiden sich verschiedene Altersgruppen hinsichtlich motorischer Eigenschaften?
- Unterscheiden sich Sportler mit verschiedenem Leistungsniveau hinsichtlich ihrer Gleichgewichtsfähigkeit?
- Unterscheiden sich Gruppen mit unterschiedlichem Bildungsgrad hinsichtlich ihrer Aufmerksamkeit?

Die Methode beruht auf der Berechnung eines *H*-Wertes, der folgendermaßen definiert ist:

$$H = \frac{12}{N + (N + 1)} \cdot \sum_{i=1}^{k} \frac{R_i}{n_i} - 3 \cdot (N + 1), \qquad (8.19)$$

mit $df = k - 1$ (Anzahl der Freiheitsgrade), R_i – Rangsummen für jede Gruppe, N – Gesamtstichprobengröße, n_i – Stichprobengröße in der Gruppe i, k – Anzahl der Gruppen.

Während bei kleinen Stichproben spezielle Tabellen zu verwenden sind, um die Nullhypothese zu testen, wird für größere Stichproben eine χ^2-Verteilung zugrunde gelegt und entsprechend geprüft.

Als Post-hoc-Tests kommen entsprechende U-Tests in Frage, um bei Signifikanz zu ermitteln, welche Stichproben sich tatsächlich voneinander unterscheiden.

∎ **Hinweise bei Verwendung von IBM SPSS Statistics 25**

Bei Verwendung von SPSS (IBM SPSS Statistics 25) ist darauf zu achten, dass der Kruskal-Wallis-Test unter „Nicht-parametrische Tests"/„Alte Dialogfelder" zu finden ist. Im Output findet man die mittleren Ränge für die Gruppen und die „Exakte Signifikanz", die uns angibt, ob wenigsten zwei Gruppen sich signifikant hinsichtlich ihrer mittleren Werte voneinander unterscheiden. Zu empfehlen ist, hierzu auch die Effektstärken der einzelnen Tests berechnen zu lassen. Die Effektstärke nach Cohen ist folgendermaßen zu bewerten: schwacher Effekt: $r \geq 0,10$, mittlerer Effekt: $r \geq 0,30$ und starker Effekt: $r \geq 0,50$.

8.5.2 Friedman-Test

Eine Alternative zur einfaktoriellen Varianzanalyse für abhängige Stichproben bzw. mit Messwiederholung stellt der Friedman-Test dar. Stichproben werden als voneinander abhängig bezeichnet, wenn eine der folgenden Situationen gegeben ist:
- Messwiederholung
- Vorhandensein von natürlichen Paaren, z. B. Zwillinge, Eltern–Kind, Trainer–Athlet
- Matching (Stichproben, die sich hinsichtlich einer anderen Variablen nicht voneinander unterscheiden).

Frage- bzw. Problemstellungen hierfür könnten sein:
- Untersuchung verschiedener Interventionen an ein und derselben Stichprobe
- Langzeitwirkung von Interventionen
- Befragung von Patienten, Angehörigen und Pflegepersonen zu bestimmten Merkmalen des Patienten (Problematik der Eigen- und Fremdeinschätzung).

Der Friedman-Test untersucht drei oder mehr gepaarte Stichproben hinsichtlich ihrer Lageparameter (zentrale Tendenz), wenn keine Normalverteilung vorliegt. Auch hier wird in jeder Stichprobe eine Rangskalierung vorgenommen. Der p-Wert als Maß für die Signifikanz verringert sich, je größer die Differenzen zwischen den Rangsummen der einzelnen Stichproben sind. Vorausgesetzt wird neben der Abhängigkeit oder Verbundenheit der Gruppen bzw. Stichproben auch die Ordinalskalierung.

Für die Teststatistik wird der χ^2-Wert verwendet:

$$\chi^2 = \frac{12}{n \cdot k(k+1)} \sum\nolimits_{i=1}^{k} R_i^2 - 3 \cdot n(k+1), \qquad (8.20)$$

mit $df = k - 1$, k – Anzahl der Messwiederholungen, n – Anzahl der Probanden, R_i – Rangsumme bzgl. des Messzeitpunkts i. Der so berechnete χ^2-Wert muss nun auf Signifikanz geprüft werden. Dazu wird die Teststatistik mit dem kritischen Wert der durch die Anzahl der Freiheitsgrade (df) bestimmten χ^2-Verteilung verglichen. Dieser kritische Wert kann Tabellen entnommen werden (z. B. Bortz 1999).

■ **Hinweise bei Verwendung von IBM SPSS Statistics 25**
Ähnlich wie der Kruskal-Wallis-Test ist auch der Friedman-Test bei SPSS (IBM SPSS Statistics 25) unter „Nicht-parametrische Tests"/„Alte Dialogfelder" zu finden. Bei Signifikanz müssen nun auch Post-hoc-Tests (z. B. Dunn-Bonferroni-Tests) durchgeführt werden, um herauszufinden, welche Messzeitpunkte sich tatsächlich voneinander unterscheiden. Weiterhin wird empfohlen, sich auch die Effektstärke nach Cohen ausgeben zu lassen.

Abschließend sei auf Anwendungen dieser nichtparametrischen Tests für kleine Stichproben hingewiesen (Pospeschill und Siegel 2018).

8.6 Aufgaben zur Vertiefung

1. Erläutern Sie den Unterschied zwischen einer Varianzanalyse mit und ohne Messwiederholung!
2. Welche Anwendungen in der sportmotorischen Forschung gibt es für Varianzanalysen mit Messwiederholung?
3. Erläutern Sie an einem Beispiel einen Versuchsplan für eine zweifaktorielle Varianzanalyse mit und ohne Messwiederholung!
4. Überlegen Sie sich eine Aufgabenstellung/Fragestellung mit Hypothesen und den entsprechenden Versuchsplan für eine Anwendung des Kruskal-Wallis-Tests.
5. Überlegen Sie sich eine Aufgabenstellung/Fragestellung mit Hypothesen und den entsprechenden Versuchsplan für eine Anwendung des Friedman-Tests.
6. Beispielaufgabe zur einfaktoriellen Varianzanalyse:

Es soll untersucht werden, welchen Einfluss sportliche Interventionen auf die Ganggeschwindigkeit (bezogen auf eine Strecke von 4 m) und die Leistung beim Chair-Rise-Test (Zeitdauer für ein fünfmaliges Aufstehen vom Stuhl ohne Armunterstützung) bei Personen im Alter von 70 bis 79 Jahren haben. Hierzu wurden drei Gruppen (jeweils $n = 20$) gebildet, die über ein gleiches motorisches Ausgangniveau verfügten. Die Interventionen wurden über ein halbes Jahr zweimal wöchentlich durchgeführt. Gruppe 1 trainierte vorwiegend koordinativ, Gruppe 2 vorwiegend konditionell und Gruppe 3 (Kontrollgruppe) führte kein sportliches Training durch. Die ◘ Tab. 8.6

◘ **Tab. 8.6** Daten für die Aufgabe 6: Geschwindigkeit im Gangtest (*v* in m/s) und Ergebnis des Chair-Rise-Test (*Ch* in s) nach der Intervention

Proband-Nr.	Gruppe	Ch (s)	v (m/s)
1	1	6,10	2,20
2	1	7,40	2,30
3	1	7,60	2,00
4	1	7,90	2,10
5	1	6,00	2,15
6	1	7,60	1,95
7	1	7,40	2,40
8	1	6,10	2,50
9	1	9,70	2,60
10	1	7,50	2,35
11	1	2,10	2,22
12	1	6,90	2,50
13	1	8,70	2,30
14	1	7,80	2,15
15	1	7,10	2,40
16	1	6,30	2,55
17	1	8,00	2,65
18	1	7,20	2,10
19	1	8,40	2,50
20	1	5,90	2,30
21	2	9,90	2,20
22	2	7,00	2,33
23	2	6,10	2,10
24	2	8,00	2,20
25	2	7,70	2,00
26	2	8,00	2,15
27	2	8,60	2,00
28	2	5,80	2,35

(Fortsetzung)

8

◘ Tab. 8.6 (Fortsetzung)			
Proband-Nr.	Gruppe	Ch (s)	v (m/s)
29	2	7,40	2,00
30	2	6,80	2,10
31	2	9,10	2,25
32	2	8,20	2,00
33	2	5,90	2,50
34	2	9,90	2,10
35	2	8,50	2,10
36	2	6,70	2,30
37	2	8,10	2,00
38	2	9,90	2,10
39	2	7,60	2,10
40	2	8,50	2,10
41	3	8,00	1,82
42	3	7,50	1,45
43	3	10,10	1,21
44	3	8,70	1,60
45	3	7,90	2,00
46	3	8,50	1,90
47	3	8,00	1,90
48	3	8,20	1,90
49	3	8,70	1,75
50	3	10,00	1,53
51	3	9,50	1,74
52	3	8,70	1,85
53	3	8,90	1,65
54	3	8,00	1,66
55	3	8,80	1,90
56	3	7,80	1,60
57	3	8,50	1,80
58	3	8,60	1,78
59	3	8,60	1,74
60	3	9,00	1,85

enthält die Daten, wie sie auch in eine Datentabelle einer Statistik-Software einzutragen wären.

Wir stellen unsere Hypothesen auf:

Nullhypothese: Alle drei Gruppen unterscheiden sich hinsichtlich der Mittelwerte nicht in Bezug auf die Ergebnisse des Chair-Rise-Tests und der Ganggeschwindigkeit.

Alternativhypothese (ungerichtet): Mindestens zwei Gruppen unterscheiden sich hinsichtlich der Mittelwerte in Bezug auf die Ergebnisse des Chair-Rise-Tests und der Ganggeschwindigkeit.

Einen Überblick über die Datenlage verschafft uns die deskriptive Statistik (◘ Tab. 8.7).

Aus ◘ Tab. 8.7 lässt sich Folgendes vermuten. Die Kontrollgruppe schneidet in beiden Tests im Vergleich zu den Sportgruppen schlechter ab. Wenn man die beiden Sportgruppen miteinander vergleicht, scheint Gruppe 1 im Mittel bessere Testergebnisse zu haben als Gruppe 2. Führen wir nun die einfaktorielle Varianzanalyse (z. B. in SPSS [IBM SPSS Statistics 25]) durch. Als abhängige Variable werden Ch und v definiert. Als Post hoc entscheiden wir uns für Bonferroni und ein Signifikanzniveau von 0,05. Weiterhin sollten im Output Daten der deskriptiven Statistik und die Ergebnisse für den Test auf Varianzhomogenität ausgegeben werden. Somit erhalten wir die Ergebnisse des Tests auf Homogenität der Varianzen und die der einfaktoriellen ANOVA (◘ Abb. 8.4) und die Ergebnisse der Post-hoc-Tests (◘ Abb. 8.5).

Die ANOVA zeigt uns für beide Variablen signifikante Unterschiede. Damit gilt die Alternativhypothese für beide Variablen als bestätigt.

◘ **Tab. 8.7** Ergebnisse der deskriptiven Statistik (Daten siehe ◘ Tab. 8.6)

	Gruppe 1	Gruppe 2	Gruppe 3
Ch (s)			
Mittelwert (s)	7,08	7,88	8,60
Standardabweichung (s)	1,52	1,26	0,68
v (m/s)			
Mittelwert (s)	2,31	2,15	1,73
Standardabweichung (m/s)	0,20	0,14	0,19

Einfaktorielle ANOVA

		Quadratsumme	df	Mittel der Quadrate	F	Signifikanz
Ch	Zwischen den Gruppen	22,976	2	11,488	7,856	,001
	Innerhalb der Gruppen	83,351	57	1,462		
	Gesamt	106,327	59			
Ganggeschw	Zwischen den Gruppen	3,576	2	1,788	56,660	,000
	Innerhalb der Gruppen	1,799	57	,032		
	Gesamt	5,374	59			

Abb. 8.4   Ergebnisse der einfaktoriellen Varianzanalyse für die Beispielaufgabe 6

Mehrfachvergleiche

Bonferroni

Abhängige Variable	(I) Gruppe	(J) Gruppe	Mittlere Differenz (I-J)	Std.-Fehler	Signifikanz	95%-Konfidenzintervall	
						Untergrenze	Obergrenze
Ch	1,00	2,00	-,80000	,38240	,123	-1,7433	,1433
		3,00	-1,51500*	,38240	,001	-2,4583	-,5717
	2,00	1,00	,80000	,38240	,123	-,1433	1,7433
		3,00	-,71500	,38240	,200	-1,6583	,2283
	3,00	1,00	1,51500*	,38240	,001	,5717	2,4583
		2,00	,71500	,38240	,200	-,2283	1,6583
Ganggeschw	1,00	2,00	,16200*	,05617	,017	,0234	,3006
		3,00	,57950*	,05617	,000	,4409	,7181
	2,00	1,00	-,16200*	,05617	,017	-,3006	-,0234
		3,00	,41750*	,05617	,000	,2789	,5561
	3,00	1,00	-,57950*	,05617	,000	-,7181	-,4409
		2,00	-,41750*	,05617	,000	-,5561	-,2789

*. Die Differenz der Mittelwerte ist auf dem Niveau 0.05 signifikant.

Abb. 8.5   Ergebnisse der Post-hoc-Tests für die Beispielaufgabe 6

Während in der Ganggeschwindigkeit alle drei Gruppen sich signifikant voneinander unterscheiden, gibt es für den Chair-Rise-Test nur signifikante Unterschiede zwischen Gruppe 1 und Gruppe 3. Grafisch lassen sich die Ergebnisse allgemein mit Kennzeichnung der Signifikanz durch * darstellen, wie es die Abb. 8.6 und 8.7 zeigen.

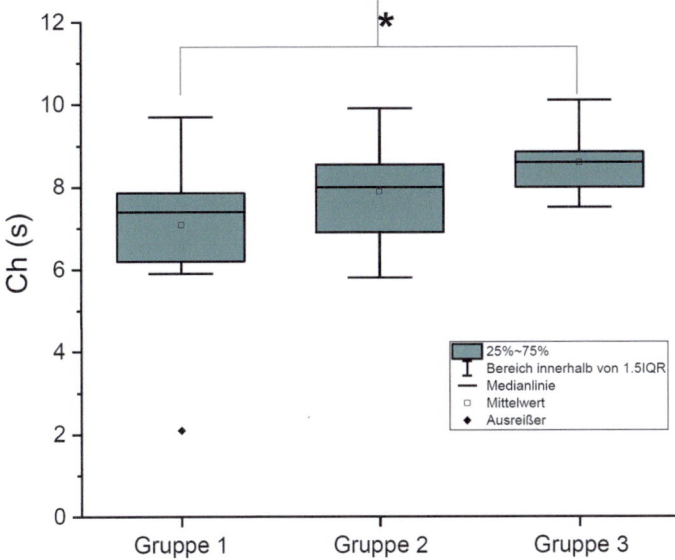

▢ Abb. 8.6 Grafische Darstellung der Ergebnisse für die drei Gruppen und Kennzeichnung des signifikanten Ergebnisses für die Variable *Ch* (Aufgabe 6)

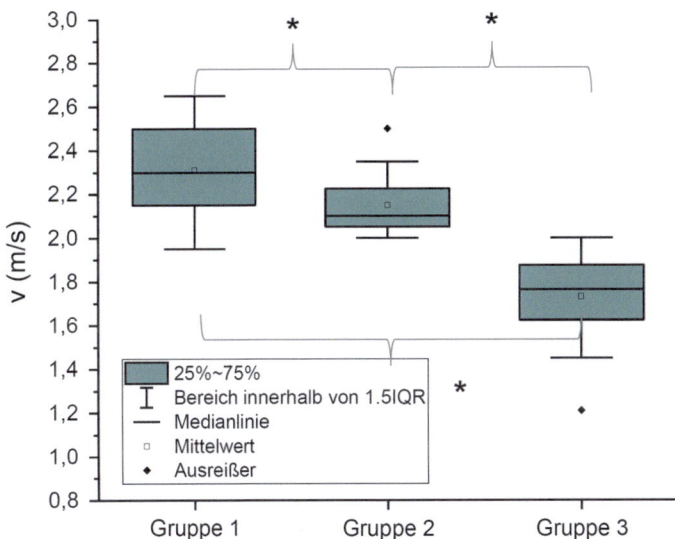

▢ Abb. 8.7 Grafische Darstellung der Ergebnisse für die drei Gruppen und Kennzeichnung des signifikanten Ergebnisses für die Variable *v* aus Aufgabe 6

8.7 Hinweise zur Bearbeitung von Aufgaben aus dem Band 2

- **Kap. 5/Thema 1: Erstellung eines Studiendesigns zur Untersuchung der motorischen Entwicklung körperlich aktiver und inaktiver älterer Personen im Längsschnitt**
- Als statistische Methode kommt für diese Aufgabe die Varianzanalyse mit Messwiederholung in Frage. Da die Probanden in zwei Gruppen (aktiv und inaktiv) einzuteilen sind, muss es auch mindestens eine Varianzanalyse mit Messwiederholung sein. Eine mehrfaktorielle Varianzanalyse käme in Frage, wenn Sie verschiedene Merkmale der motorischen Entwicklung bzw. auch nach Geschlecht unterscheiden wollen.
- Beachten Sie, dass sich durch die Anzahl der Messwiederholungen auch die Anzahl der notwendigen Probanden erhöht. Schätzen Sie den Stichprobenumfang ab.

- **Kap. 6/Thema 2: Evaluation eines VR-Systems/Variante 3: Bewegungsanalyse**
- Bei kleineren Stichproben gehen wir davon aus, dass jeder Proband die vorgegebenen Bewegungen (bspw. Gehen, Greifen) in der realen und in der virtuellen Umgebung durchführt.
- Sie haben hier zwei Faktoren (Art der Bewegung) und Umgebung (real und VR), die mindestens zweifach gestuft sind. Prüfen Sie die Voraussetzung für eine zweifaktorielle Varianzanalyse.
- Sie können die Bewegungen in VR nach einer gewissen Eingewöhnungszeit wiederholen. Dann wäre eine Varianzanalyse mit Messwiederholung durchzuführen.

Literatur

Bortz, J. (1999). *Statistik für Sozialwissenschaftler*. Berlin: Springer.

Kuckartz, U., Rädiker, S., Ebert, T., & Schehl, J. (2013). *Statistik. Eine verständliche Erklärung*. Wiesbaden: Springer Fachmedien.

Pospeschill, M., & Siegel, R. (2018). *Methoden für die klinische Forschung und diagnostische Praxis. Ein Praxisbuch für die Datenauswertung kleiner Stichproben*. Berlin: Springer.

Rasch, B., Friese, M., Hofmann, W., & Naumann, E. (2014). *Quantitative Methoden 2. Einführung in die Statistik für Psychologen und Sozialwissenschaftler* (4., überarbeitete Aufl.). Berlin: Springer.

Wentura, D., & Pospeschill, M. (2015). *Multivariate Datenanalyse. Eine kompakte Einführung*. Wiesbaden: Springer Fachmedien.

Strukturentdeckende Verfahren

9.1   Einleitung – 120

9.2   Faktorenanalyse – 121
9.2.1   Grundlagen – 121
9.2.2   Anwendungen in der Sportmotorik – 125
9.2.3   Gemeinsamkeiten und Unterschiede der Faktorenanalyse und
        Hauptkomponentenanalyse – 126

9.3   Hauptkomponentenanalyse (PCA) – 126
9.3.1   Grundlagen – 126
9.3.2   Anwendungen in der Sportmotorik – 129
9.3.3   Hinweise zur Nutzung von SPSS – 130

9.4   Clusteranalyse – 131
9.4.1   Grundlegendes – 131
9.4.2   Ähnlichkeits- und Distanzmaße – 132
9.4.3   Clusteranalytische Verfahren – 134

9.5   Aufgaben zur Vertiefung – 136

        Literatur – 137

© Springer-Verlag GmbH Deutschland, ein Teil von Springer Nature 2019
K. Witte, *Angewandte Statistik in der Bewegungswissenschaft (Band 3)*,
https://doi.org/10.1007/978-3-662-58360-9_9

Oft haben wir das Problem in der Sportmotorik, wie auch in der Psychologie und der Soziologie, dass die interessierenden Merkmale sehr komplex und nicht einfach messbar sind. Das trifft bspw. auf viele motorische Fähigkeiten (z. B. Gleichgewichtsfähigkeit, Kraftfähigkeiten) zu. Um derartige Merkmale näher analysieren zu können, sind oft verschiedene Messungen notwendig. Strukturentdeckende statistische Verfahren helfen, wesentliche Variable herauszufinden, die die Theoriebildung unterstützen. Besonders häufig werden Faktorenanalyse, Hauptkomponentenanalyse oder Principal Component Analysis (PCA) und Clusteranalysen eingesetzt. Das nachfolgende Kapitel erklärt die Grundlagen dieser komplexen statistischen Methoden. Es werden viele praktische Beispiele und Hilfestellungen gegeben, um eigene softwaregestützte Analysen durchzuführen.

9.1 Einleitung

9

Sowohl in der Sportwissenschaft als auch in der Sportpraxis ist es sehr von Interesse, welche Faktoren maßgeblich die sportliche Leistung in einer Sportart bestimmen. Doch wie kann man das untersuchen und statistisch absichern? Hierbei helfen uns sogenannte strukturentdeckende Verfahren.

Statistische Verfahren können in strukturentdeckende und strukturprüfende Verfahren eingeteilt werden. In den vergangenen Kapiteln haben wir uns im Wesentlichen mit strukturprüfenden Verfahren beschäftigt. So gehört bspw. die Varianzanalyse (▶ Kap. 8) als hypothesenprüfende Methode zu den strukturprüfenden Verfahren.

Zu den strukturentdeckenden Verfahren zählen bspw. Faktorenanalyse, Hauptkomponentenanalyse und Clusteranalyse, die Gegenstand des vorliegenden Kapitels sein sollen. Im Unterschied zu den varianzanalytischen Methoden, bei denen die Zusammenhänge zwischen den Variablen sehr konkret bestimmt werden, haben wir es in der Sportwissenschaft, der Soziologie und in der Psychologie oft mit sehr komplexen Merkmalen zu tun, die separat nicht objektiv messbar sind (Bortz und Schuster 2010). Solche Merkmale können sein: Stimmungen, kognitive Störungen, motorische Beeinträchtigungen, sportliche Leistungsfähigkeit, Gedächtnisschwächen, Einstellungen, Motivation oder auch bestimmte Krankheitssymptome. Die nachfolgend zu besprechenden Verfahren untersuchen nun die Dimensionalität derartiger komplexer Merkmale. Dabei wird versucht, die Verfahren möglichst einfach zu beschreiben, so dass sie grundlegend verstanden werden. Beispiele sollen der Demonstration der Anwendbarkeit dienen.

9.2 Faktorenanalyse

9.2.1 Grundlagen

In vielen explorativen Studien geht es darum, die wechselseitigen Beziehungen vieler Variablen auf ein einfaches Erklärungsmodell herunterzubrechen. Oft müssen viele Variable bestimmt werden, um eindeutige Korrelationen zu ermitteln. Beispielsweise untersuchen viele Tests nicht einzelne Variable, sondern komplexe Merkmale, d. h. also, dass das Testergebnis von mehreren Einzelvariablen beeinflusst wird. Damit nimmt die Anzahl der zu berücksichtigenden Variablen schnell zu und es müssen entsprechend viele Korrelationen berechnet werden, um eindeutige Zusammenhänge aufdecken zu können. Das führt nicht nur zu einem erhöhten Aufwand, sondern auch zu Problemen durch die Fehler-Aufsummierung. Die Faktorenanalyse stellt nun ein statistisches datenreduzierendes Verfahren dar, das viele Variable entsprechend ihrer korrelativen Zusammenhänge in wenige unabhängige Variablengruppen, auch Faktoren genannt, ordnet. Diese Faktoren können sehr unterschiedliche Informationen beinhalten. Generell kann davon ausgegangen werden, dass eine hohe Anzahl von Faktoren zwar einen geringen Informationsverlust bedeutet, aber auch die Datenreduktion und somit der Analysenutzen gering ist. Werden dagegen durch die Faktorenanalyse nur wenige Faktoren generiert, muss man mit einem Informationsverlust rechnen, die Datenreduktion und der Analysenutzen sind aber als hoch einzuschätzen.

Wie in der ◻ Abb. 9.1 dargestellt, unterscheidet man zwischen explorativer (erkundender) und konfirmatorischer (bestätigender) Faktorenanalyse.

Während die explorative Faktorenanalyse die voneinander unabhängigen Faktoren entdeckt und damit der Datenreduktion dient, ist es Aufgabe der konfirmatorischen Faktorenanalyse, mit Hilfe von Strukturgleichungsmodellen die Zusammenhänge zwischen Faktoren und Variablen zu überprüfen und zu verifizieren. Die exploratorische Faktorenanalyse wird also dann eingesetzt, wenn noch keine Vorstellungen über mögliche Zusammenhänge bestehen und nach ordnenden Strukturen gesucht wird. Das Ziel ist damit die Hypothesengenerierung. Voraussetzung für die konfirmatorische Faktorenanalyse sind Vermutungen über Zusammenhänge zwischen Variablen und entsprechenden Faktoren.

Nachfolgend sollen einige immer wiederkehrende Begriffe, die für das Verständnis wichtig sind, kurz erläutert werden (Bortz und Schuster 2010).

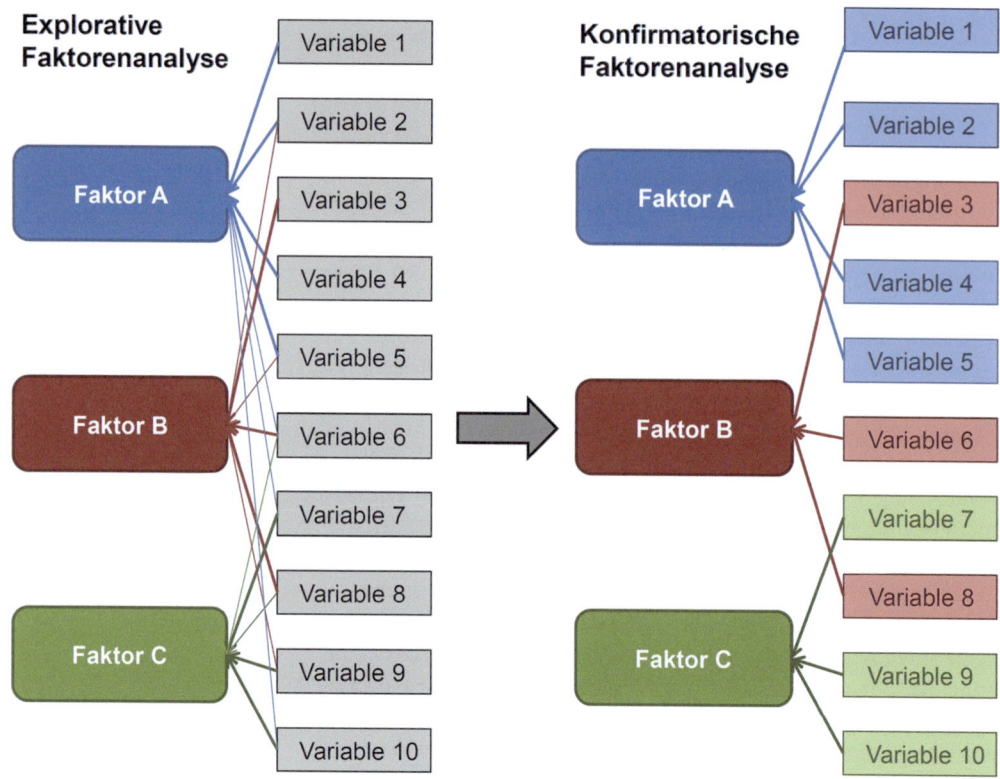

Abb. 9.1 Veranschaulichung der explorativen und konfirmatorischen Faktorenanalyse. Die Dicke der Pfeile charakterisiert die Stärke des korrelativen Zusammenhangs zwischen den einzelnen Variablen und dem Faktor. In der konfirmatorischen Faktorenanalyse werden dann nur noch die Variablen betrachtet, die einen hohen korrelativen Zusammenhang mit dem Faktor bilden. Entsprechend lassen sich dann die Faktoren inhaltlich interpretieren

- **Faktor**

Den Begriff Faktor haben wir schon bei der Behandlung von varianzanalytischen Verfahren (► Kap. 8) kennengelernt und ihn als Synonym für unabhängige Variable verwendet. In der Faktorenanalyse hat der Faktor eine etwas andere Bedeutung. Hier stellt ein Faktor eine theoretische und synthetische Variable dar, die mit allen ihr zugeordneten Variablen möglichst hoch korreliert. Daraus ergibt sich der erste Faktor. Im weiteren Prozess einer Faktorenanalyse werden durch Partialkorrelationen diejenigen Zusammenhänge erfasst, die nicht durch den ersten Faktor erklärt werden können. So wird ein weiterer vom ersten Faktor unabhängiger Faktor erzeugt, der die verbleibenden korrelativen Zusammenhänge gut erklärt, usw. Im Ergebnis entstehen wechselseitig voneinander unabhängige Faktoren, die die Zusammenhänge zwischen den Variablen erklären.

- **Faktorwerte (oder Skalenwerte)**

Der Faktorwert für einen Probanden gibt seine Position auf dem Faktor an, charakterisiert also, wie stark die in dem Faktor erfassten Variablen bei dem Probanden ausgeprägt sind.

- **Faktorladung**

Die Faktorladung a_{ij} ist die Korrelation zwischen der Variablen i und dem Faktor j. Dies ist in der ◘ Abb. 9.2 schematisch dargestellt.

- **Kommunalität**

Die Kommunalität einer Variablen i quantifiziert das Ausmaß, mit dem die Varianz der Variablen durch den Faktor aufgeklärt (bzw. erfasst) wird.

- **Eigenwert**

Der Eigenwert λ_j eines Faktors j kennzeichnet den Anteil der Gesamtvarianz aller Variablen, die durch diesen Faktor erfasst wird. Versuchen wir uns, die Faktorenanalyse geometrisch zu verdeutlichen.

Variable	Faktor A	Faktor B	Faktor C
1	0,95	0,05	0,10
2	0,80	0,35	0,20
3	0,90	0,18	0,10
4	0,86	0,30	0,20
5	0,81	0,15	0,15
6	0,05	0,95	0,35
7	0,25	0,85	0,20
8	0,28	0,83	0,18
9	0,16	0,80	0,25
10	0,22	0,78	0,05
11	0,55	0,15	0,90
12	0,40	0,20	0,95
13	0,35	0,17	0,85
14	0,28	0,30	0,79
15	0,35	0,25	0,88

◘ **Abb. 9.2** Konstruiertes Beispiel für Zusammenhänge zwischen Variable, Faktor und korrelative Zusammenhänge zwischen den einzelnen Variablen und den Faktoren. Die höchsten korrelativen Zusammenhänge der Variablen werden zu den einzelnen Faktoren zusammengefasst

Alle verwendeten Items (Variablen) werden als Vektoren mit demselben Ursprung betrachtet. Dabei wird durch die Länge dieser Vektoren die Kommunalität des jeweiligen Items gekennzeichnet. Der Winkel zwischen den Vektoren bestimmt die Korrelation r:

$$r(x_i, x_j) = \cos \alpha$$

Damit erhält man für $\alpha = 0$ bzw. $\cos \alpha = 1$ die größte Korrelation und für $\alpha = 90°$ bzw. $\cos \alpha = 0$ keine Korrelation. Ziel der Faktorenanalyse ist es also, das durch die vielen Variablen entstehende komplexe Konstrukt so zu vereinfachen, dass ein kleinerer q-dimensionaler Unterraum entsteht. In einem Extraktionsverfahren werden weniger relevante Faktoren (gekennzeichnet durch kleine Korrelationen) ausgeblendet, so dass sogenannte Punktwolken entstehen, wobei die Koordinaten dieser Punkte die Faktorladungen darstellen. Durch ein Rotationsverfahren werden die q Vektoren so gedreht, dass sie möglichst nah zu den Punktwolken liegen.

Die ◘ Abb. 9.3 zeigt schematisch, wie die einzelnen Variablen zu den Faktoren liegen könnten.

Allgemein können folgende Arbeitsschritte für eine explorative Faktorenanalyse formuliert werden:

- Auswahl der Variablen und Bestimmung der Korrelationsmatrix
- Ermittlung der Kommunalitäten
- Überprüfung der Korrelationsmatrix
- Bestimmung der Anzahl der Faktoren und ggf. Extraktion von unwesentlichen Faktoren
- Faktorrotation
- Bestimmung der Faktorwerte

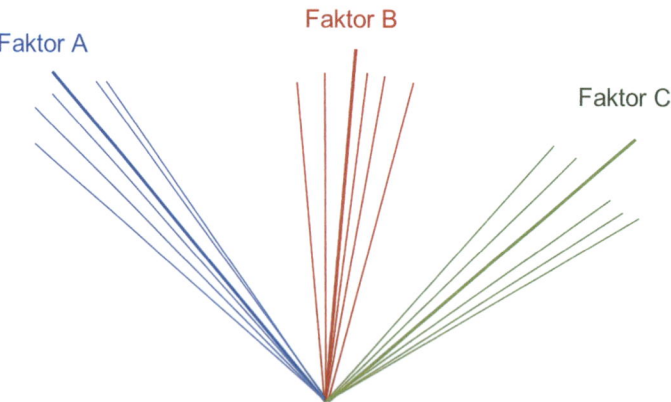

◘ **Abb. 9.3** Schematische Darstellung von Faktoren mit den Variablen, die am stärksten mit ihnen korrelieren

9.2.2 Anwendungen in der Sportmotorik

Gerade in der Sportmotorik wird die Faktorenanalyse häufig angewendet. Insbesondere im Bereich sportmotorischer Testverfahren kommt die Faktorenanalyse zum Einsatz. Beispielsweise berichtet Müller (1989), dass für die Talentauswahl im Tennis leistungsbestimmende motorische Eigenschaften faktorenanalytisch ermittelt wurden. Daraus wurde eine Testbatterie zur Talentauswahl von 10- bis 13-jährigen Jungen und Mädchen erstellt und Normtabellen entwickelt.

Bös und Mechling (1983) beschäftigten sich ausführlich mit der theoretischen Begründung, Operationalisierung und empirischer Überprüfung eines Strukturmodells zur Erklärung sportbezogener Bewegungsleistungen. Auch sie verwendeten eine Faktorenanalyse, so dass ein Modell entstand, das motorische Basisfähigkeiten, passive Systeme der Energieübertragung, psychische und soziale Einflussgrößen enthält.

Eine wichtige Anwendung der Faktorenanalyse findet man beim Nachweis der Konstruktvalidität als ein Hauptgütekriterium für Tests. Dabei versteht man unter Konstruktvalidität die Korrelation zwischen dem Test und einer latenten Dimension. Die Überprüfung theoretisch vorgestellter Modelle der Motorik bietet die konfirmatorische Faktorenanalyse. So konnte nachgewiesen werden, dass die fünf Faktoren Ausdauer, Kraft, Koordination unter Zeitdruck, Koordination und Beweglichkeit ein akzeptables Modell zur Beschreibung der motorischen Leistungsfähigkeit bilden (Oberger 2015). Auf dieser Basis konnte auch der Deutsche Motorik-Test 6–18 (DMT 6–18) entwickelt werden (Bös et al. 2009). Tittlbach et al. (2009) überprüften die Konstruktvalidität des Deutschen Motorik-Tests mit Hilfe der explorativen und der konfirmatorischen Faktorenanalyse. Mit dem letzteren Verfahren wurde die Reihenfolge der Faktoren auf der Basis der ermittelten Faktorwerte für die motorische Leistungsfähigkeit folgendermaßen ermittelt: Kraft, Ausdauer, Koordination unter Zeitdruck, Koordination bei Präzisionsaufgaben und Beweglichkeit.

Als eine weitere Anwendung der konfirmatorischen Faktorenanalyse kann die Validitäts- und Reliabilitätsüberprüfung des Sport Emotion Questionnaire (SEQ) von Arnold und Fletcher (2015) angesehen werden. Es wurde überprüft, inwiefern die Faktorstruktur dieses Fragebogens bei unterschiedlichen Umgebungen und zu unterschiedlichen Zeitpunkten für verschiedene Athletengruppen invariant ist. Mit Hilfe einer sehr großen Stichprobe ($n = 1277$) konnte die Validität und die Reliabilität des Fragebogens bestätigt werden.

9.2.3 Gemeinsamkeiten und Unterschiede der Faktorenanalyse und Hauptkomponentenanalyse

Die Hauptkomponentenanalyse (oder Principal Component Analysis, abgekürzt PCA), mit der wir uns im nächsten Abschnitt näher beschäftigen wollen, wird sehr oft im Zusammenhang mit der Faktorenanalyse genannt. Bei manchen Autoren werden beide Verfahren auch synonym verwendet, was aber nicht richtig ist.

Die Unterschiede in den Ergebnissen werden mit zunehmender Anzahl der Variablen geringer (Wolf und Bacher 2010). Dies ist auch bei Anwendung entsprechender Software bemerkbar. Meist findet man bei der Faktoranalyse geringere Faktorladungen als in der Hauptkomponentenanalyse.

Gemeinsamkeiten beider Verfahren sind:
- Es sind Verfahren zur Dimensionsreduzierung
- Zwischen Variablen und Faktoren bestehen lineare Zusammenhänge.
- Es ergeben sich meist ähnlich Ergebnisse.

Bezüglich der Unterschiede kann gesagt werden, dass die Hauptkomponentenanalyse hauptsächlich zur Datenreduzierung eingesetzt wird, die Faktorenanalyse zusätzlich die kausalen Zusammenhänge untersucht.

Während die Hauptkomponentenanalyse die Komponentenwerte exakt berechnet, werden diese durch die Faktorenanalyse mit Hilfe von Regressionsschätzungen näherungsweise ermittelt. Das einzusetzende Verfahren hängt von der Zielsetzung ab. So wird die Hauptkomponentenanalyse dann empfohlen, wenn die Analyse auf eine reine Datenreduktion abzielt. Kann man jedoch auf Grund inhaltlicher Überlegungen von der Existenz latenter Konstrukte ausgehen, sollte eine Faktorenanalyse durchgeführt werden (Wolf und Bacher 2010).

9.3 Hauptkomponentenanalyse (PCA)

9.3.1 Grundlagen

Zunächst muss festgestellt werden, dass es verschiedene faktorenanalytische Verfahren gibt (Wentura und Pospeschill 2015). Hierzu gehört auch die Hauptkomponentenanalyse, oft auch als Principal Component Analysis (PCA) bezeichnet. Sie ist ein Algorithmus, der schrittweise die gemeinsame Varianz der Items (Variablen) in den sogenannten Hauptkomponenten (Faktoren) bindet. Wentura und Pospeschill (2015) beschreiben für den Prozess drei Arbeitsschritte.

Schritt 1: Extrahieren der Hauptkomponenten, wobei von z-transformierten Variablen (Items) $(z_1 \ldots z_m)$ ausgegangen wird, damit jedes Item gleichgewichtet in die Analyse eingeht. Jeder Faktor (oder Hauptkomponente) wird aus einer Linearkombination der zugeordneten Items gebildet. Für die Hauptkomponente 1 würde man bspw. schreiben:

$$F_1 = b_{11} \cdot z_1 + b_{12} \cdot z_2 + \cdots + b_{1m} \cdot z_m,$$

mit b als zugehörigen Wichtungsfaktor der einzelnen Items. Allerdings wird bei der Bildung der ersten Hauptkomponente eine Ausnahme in dem Sinne gemacht, dass die Wichtungen so angepasst werden, dass ein Maximum der Varianz aller Items durch diese gebunden wird. Mathematisch ausgedrückt bedeutet dies, dass die Summe der quadrierten Korrelationen zwischen Item und dem Eigenwert des Faktors maximiert wird. Generell sind die Hauptkomponenten streng nach ihrer Varianzbindung geordnet: die erste Hauptkomponente bindet die Variablen mit der größten Varianz, die zweite Hauptkomponente die mit der zweitgrößten usw.

Schritt 2: Auswahl einer geeigneten Anzahl von Hauptkomponenten, indem bei den meisten Verfahren (so auch in SPSS), Hauptkomponenten mit einem Eigenwert < 1 ausgeschlossen werden. Auch mit Hilfe sogenannter Screeplots (als entsprechendes grafisches Verfahren) kann man sich einen visuellen Eindruck über die Hauptkomponenten und deren Eigenwerte machen (◘ Abb. 9.4).

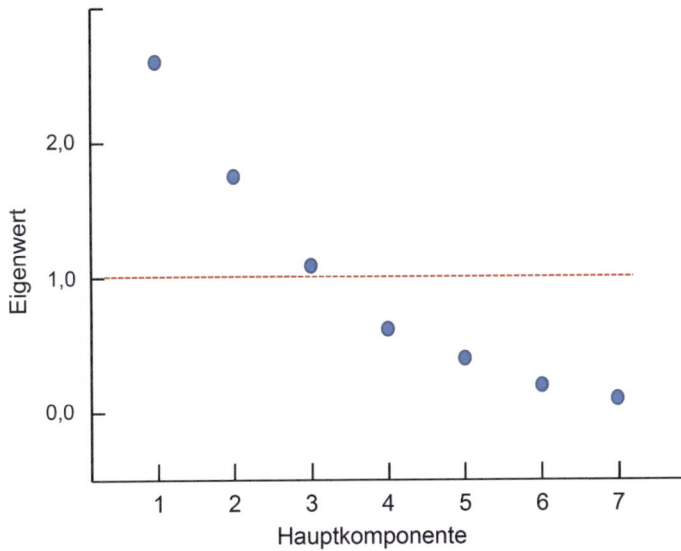

◘ **Abb. 9.4** Beispiel eines Screeplots. Nach dem Kriterium, dass nur Hauptkomponenten mit Eigenwerten >1 betrachtet werden, wären nach dieser Analyse nur drei Hauptkomponenten relevant

Schritt 3: Rotation des Faktorensystems. Sehr gebräuchlich ist die Varimax-Methode, die in der Maximierung der Varianz der quadrierten Ladungen auf den Faktoren besteht.

Damit sind PCA-Faktoren oder Hauptkomponenten voneinander unabhängig und erklären sukzessive maximale Varianz. Die Kennwerte (Faktor, Faktorwert, Faktorladung, Kommunalität) entsprechen denen, wie wir sie für die Faktorenanalyse (▶ Abschn. 9.2.1) kennengelernt haben.

Zur Interpretation der PCA-Faktoren kann eine grafische Darstellung (◨ Abb. 9.5) gewählt werden. Hier werden in ein zweidimensionales Koordinatensystem, das mit den Faktoren 1 und 2 aufgespannt wird, alle Merkmale entsprechend ihrer Ladungen auf diesen Faktoren eingetragen. Es wird ersichtlich, dass ein Teil der Merkmale mehr auf den PCA-Faktor 1 und ein anderer Teil auf den PCA-Faktor 2 laden. Es müsste nun geklärt werden, welche gemeinsamen Charakteristika diese Merkmale haben, um die PCA-Komponenten auch inhaltlich interpretieren zu können.

Diesbezüglich ist auch der obige Schritt 3 zu erklären, indem das Koordinatensystem derart gedreht wird, dass es entsprechend dem aktuellen Stand der Theorie eine plausible Erklärung gibt. Es muss bewusst sein, dass die PCA eine mathematische Lösung liefert, die aber oft schwer zu interpretieren ist. So wird die PCA eher dazu genutzt, die Anzahl der Faktoren festzustellen, und weniger, deren inhaltliche Bedeutung zu erklären.

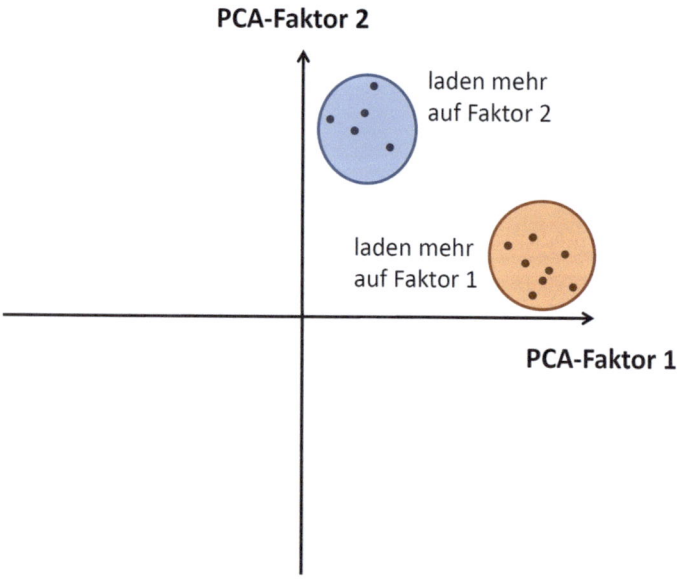

◨ **Abb. 9.5** Konstruierte Darstellung der Ladungen einzelner Merkmale auf die PCA-Komponenten 1 und 2

Für die Stichprobenumfangsplanung gehen Bortz und Schuster (2010) davon aus, dass wenn mehr als 10 Variable einen Faktor erklären sollen, Stichprobenumfänge von $n = 150$ ausreichend sind. Weiterhin wird von Bortz und Schuster (2010) festgestellt, dass wenn jeder bedeutsame Faktor auf mindestens vier Variable Ladungen von $>0{,}60$ aufweist die Faktorenstruktur unabhängig von der Stichprobengröße generalisiert zu interpretieren ist.

9.3.2 Anwendungen in der Sportmotorik

Nachfolgend werden ein paar Beispiele erläutert, die zeigen, wie vielfältig die Anwendbarkeit der PCA in der sportmotorischen Forschung ist.

So untersuchten Voelcker-Rehage und Lippens (2009) die Gleichgewichtsfähigkeit von Senioren unter dem Einfluss körperlicher Aktivität mit zwei verschiedenen Messmethoden: 1) Methode: Einbeinstand mit offenen und geschlossenen Augen, Gehen vorwärts und rückwärts und 2) Methode: bipedale Gleichgewichtsleistung auf einem Messkreisel kombiniert mit einer Buchstaben-Suchaufgabe. Durch die Hauptkomponentenanalyse konnte gezeigt werden, dass die Ergebnisse beider Messverfahren auf unterschiedlichen Faktoren luden. Die Autoren interpretieren dieses Resultat mit dem Vorhandensein von unterschiedlichen spezifisch adaptierten Gleichgewichts-Kontrollstrategien.

Die PCA wird von Bockemühl et al. (2009) als ein methodisches Instrument verwendet, um motorische Greifbewegungen mit ca. 20 Freiheitsgraden in Bezug auf reale Objekte und in Bezug auf gleich-konstruierte Objekte in der virtuellen Realität miteinander zu vergleichen.

Daffertshofer et al. (2004) demonstrieren am Beispiel des Gehens die Anwendung der PCA. Dabei werden einerseits kinematische und andererseits elektromyografische Daten verwendet.

Haas (1995) nutzt die PCA, um den motorischen Lernprozess beim Pedalofahren zu charakterisieren. In die Analyse wurden die Körperwinkel-Zeitverläufe der einzelnen Körpersegmente einbezogen. Auf der Grundlage der Eigenwerte der einzelnen PCA-Faktoren konnte festgestellt werden, dass sich die Anzahl der relevanten PCA-Faktoren im Lernprozess verändert. Sie kann unter systemdynamischer Sicht auch als Anzahl der Freiheitsgrade der Bewegungskoordination interpretiert werden. Beim Pedalofahrer-Anfänger wurde zunächst wegen der „Versteifung" der Bewegung eine geringe Anzahl von PCA-Komponenten gefunden, die sich jedoch im weiteren Lernprozess erhöhte. Ist das Pedalofahren weitestgehend automatisiert, ist diese zyklische Bewegung angenähert durch einen PCA-Faktor repräsentierbar.

Anwendungen der PCA bei Untersuchungen der Bewegungskoordination unterschiedlicher Bewegungen und Fragestellungen wurden von der Autorin selbst durchgeführt und zeigen die Bedeutung der PCA für Studien hinsichtlich von Veränderungen der Bewegungskoordination durch verschiedene Einflussfaktoren:

- PCA auf der Grundlage kinematischer Bewegungsgrößen von Reiter und Pferd zur Identifikation der Gangarten beim Dressurreiten und der Bestimmung des Einflusses unterschiedlicher Sättel (Witte et al. 2009)
- PCA zur Charakterisierung automatisierter zyklischer Bewegungen, wie das Gehen und Laufen (Witte et al. 2010)
- Analyse von Veränderungen des Ganges während der Rehabilitation nach einer Knietotalendprothesen-Operation (Witte et al. 2010)
- Laufmuster beim Triathlon (Witte et al. 2010)
- Untersuchung des Einflusses der Ermüdung auf die Bewegungskoordination eines Tischtennisspielers mittels PCA (Witte et al. 2011)

9.3.3 Hinweise zur Nutzung von SPSS

Voraussetzung für die Anwendung einer Statistik-Software wie bspw. SPSS (IBM SPSS Statistics 25) ist, wie üblich, die Erstellung des Datenblatts. Hierzu sind die Variablen zu definieren und die entsprechenden Datensätze zu importieren. Handelt es sich um Bewegungsdaten bspw. aus einem Motion-Capture-System, sind es meist Zeitverläufe. Unter Analysieren/Datenreduktion ist die Faktorenanalyse zu wählen. In dem sich nun öffnenden Fenster sind die zu betrachtenden Variablen in „Variable" anzuklicken. Im Unterfenster „Extraktion" ist die „Korrelationsmatrix" voreingestellt und sollte insbesondere dann verwendet werden, wenn die einzelnen Variablen unterschiedliche Einheiten aufweisen. Die „Kovarianzmatrix" wird eher dann verwendet, wenn die Analyse an mehreren Gruppen mit unterschiedlichen Varianzen der einzelnen Variablen vorgenommen werden soll.

Es wird empfohlen, sich auch den Screeplot anzeigen zu lassen. Es kann weiterhin gewählt werden, ob nur Faktoren mit bestimmten Eigenwerten (z. B. >1) einbezogen werden oder ob eine feste Anzahl von Faktoren vorgegeben wird. Im Unterfenster „Rotation" stehen verschiedene Methoden, so auch Varimax zur Verfügung. Unter „Optionen" können mehrere Möglichkeiten bezüglich des Ausgabeformats ausgewählt werden.

Im Ergebnis sind zwei Tabellen wichtig: „Erklärte Gesamtvarianz" in Bezug zu den Hauptkomponenten und „Komponentenmatrix" bzw. „Rotierte Komponentenmatrix", die die Ladungen der einzelnen Variablen auf den PCA-Faktoren anzeigen. Der Screeplot veranschaulicht die Eigenwerte der einzelnen PCA-Faktoren.

9

9.4 Clusteranalyse

9.4.1 Grundlegendes

Die Clusteranalyse stellt ein weiteres strukturentdeckendes Verfahren dar, das es insbesondere ermöglicht, Personen oder Objekte mit ähnlichen Eigenschaften zu sogenannten Clustern zusammenzufassen. Während der Fokus der Faktorenanalyse und der Hauptkomponentenanalyse auf der Dimensionsreduktion liegt, beschäftigt sich die Clusteranalyse mit der Gruppenbildung. Allgemein ausgedrückt, wird durch die Clusteranalyse eine heterogene Gesamtheit in Cluster (homogene Gruppen) unterteilt. Diese Cluster enthalten ähnliche Variable und unterscheiden sich durch „Unähnlichkeiten" voneinander. Die Clusteranalyse ist hilfreich, um Strukturen innerhalb der betrachteten Gesamtheit zu entdecken. Dies soll an einer konstruierten Darstellung erläutert werden (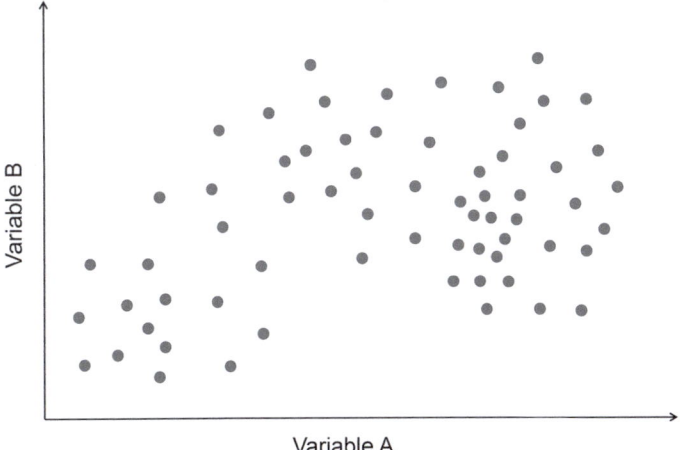 Abb. 9.6).

Die verschiedenen Punkte im Streudiagramm (□ Abb. 9.6) resultieren aus den Koordinaten hinsichtlich der Ausprägung der Merkmale A und B. Kaum lassen sich geordnete Strukturen erkennen. Mit Hilfe der Clusteranalyse ist es nun möglich, homogene Gruppen (Cluster) mit ähnlichen Eigenschaften zu finden (□ Abb. 9.7). Diese Cluster können deutlich voneinander separiert sein, sich überlappen oder auch ineinanderliegen.

Generell gehört die Clusteranalyse zu den Data-Mining-Methoden. Angewendet werden kann die Clusteranalyse auf viele Fragestellungen in unterschiedlichen Wissenschaftsdisziplinen, wie Ethnologie, Ökologie, Ökonomie, Soziologie und Psychologie. Oft werden Mustererkennungs-Algorithmen eingesetzt, die insbesondere bei der Bilderkennung eine wichtige Rolle spielen.

□ **Abb. 9.6** Schematische Darstellung eines Streudiagramms

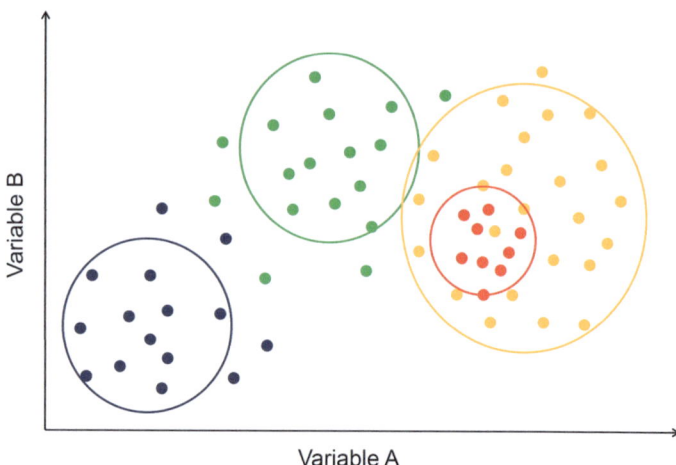

Abb. 9.7   Nach einer Clusteranalyse können die farbig dargestellten Cluster aus dem einfachen Streudiagramm (vgl. Abb. 9.6) detektiert werden

In der Sportwissenschaft wird häufig der Frage nachgegangen, welche Kinder bzw. Jugendliche sich besonders für eine Sportart eignen, oder auch anders ausgedrückt, ob ein spezieller Athlet ein sportartspezifisches Talent darstellt. Aber auch generell sind Fragen nach Bewegungsähnlichkeiten verschiedener Personen oder unter Einfluss spezieller Trainings oder einer Ermüdung nach einer Belastung häufig von Interesse.

Allgemein wird bei einer Clusteranalyse folgendermaßen vorgegangen: Bestimmung von Ähnlichkeits- und Distanzmaßen, Auswahl des entsprechenden Algorithmus, Bestimmung der Anzahl der Cluster und inhaltliche Interpretation der Cluster. In den nachfolgenden Abschnitten wird nun der Frage nachgegangen, wie diese Gruppeneinteilung vorgenommen wird. Daran schließen sich aber auch weitere Problemstellungen an, wie bspw. die Bestimmung der Ähnlichkeit von „Messpunkten" und die Extraktion von „Ausreißern".

9.4.2 Ähnlichkeits- und Distanzmaße

Um die einzelnen Messpunkte (in unserem Streudiagramm), Probanden oder Objekte zu Clustern zusammenzufügen bzw. voneinander zu trennen, benötigt man Ähnlichkeitsmaße oder Distanzmaße. Während Distanzmaße in der Regel zur Bestimmung des absoluten Abstandes zwischen den Objekten verwendet werden, beschreiben Ähnlichkeitsmaße eher den „Gleichlauf" zwischen dem Verhalten der Objekte (z. B. Kurvenverläufe von Bewegungsmerkmalen).

Ähnlichkeitsmaße können in der Regel in Distanzmaße überführt werden (Bortz und Schuster 2010). Somit kann die Ähnlichkeit bzw. Unähnlichkeit mittels objektiver Größen quantifiziert werden. Entsprechend der Skalierung der Variablen gibt es unterschiedliche Distanz- bzw. Ähnlichkeitsmaße (Wentura und Pospeschill 2015 sowie Bortz und Schuster 2010), auf die wir kurz eingehen wollen.

Nominalskalierte Variable

Sehr häufig soll die Ähnlichkeit zweier dichotomer Merkmale bestimmt werden. Hier verwendet man eine Vierfeldertafel (siehe ◘ Tab. 9.1).

Solche binären Variablen oder Merkmale könnten sein: Geschlecht, Merkmal ausgeprägt ja oder nein, Test bestanden ja oder nein und Ähnliches.

- *S*-Koeffizient

Mit diesem Ähnlichkeitsmaß wird der Anteil der gemeinsamen Eigenschaft (gekennzeichnet durch zweimal „1") an der Anzahl aller Merkmale, die mindestens einmal eine „1" aufweisen, relativiert. Der Ähnlichkeitskoeffizient S_{ij} ist definiert zu:

$$S_{ij} = \frac{a}{a+b+c} \tag{9.1}$$

Das zugehörige Distanzmaß ergibt sich zu:

$$d_{ij} = 1 - S_{ij} = \frac{b+c}{a+b+c} \tag{9.2}$$

- *SMC*-Koeffizient

Im Unterschied zum *S*-Koeffizienten geht es beim *SMC*-Koeffizienten um die Übereinstimmung bezüglich des Nichtvorhandenseins eines Merkmals. Dieser *SMC*-Koeffizient wird definiert als:

$$SMC_{ij} = \frac{a+d}{a+b+c+d} \tag{9.3}$$

◘ **Tab. 9.1** Vierfeldertafel zur Bestimmung von Ähnlichkeitsmaßen. Jede dichotome Variable A und B kann die Werte 1 oder 0 haben

		Variable B	
		1	0
Variable A	1	a	c
	0	b	d

- **Phi-Koeffizient**

Den Phi-Koeffizienten Φ haben wir bereits bei der Behandlung von Zusammenhangshypothesen kennengelernt (▶ Abschn. 7.3). Das zugehörige Distanzmaß ergibt sich zu $1 - \Phi$.

Bezüglich Ähnlichkeits- und Distanzmaße bei mehrfachgestuften und ordinalskalierten Merkmalen sei auf die weiterführende Literatur verwiesen (z. B. Bortz und Schuster 2010).

Intervallskalierte Variable

Für intervallskalierte Variable wird die Distanz zwischen zwei Objekten e_i und $e_{i'}$ zueinander mit Hilfe der euklidischen Geometrie bestimmt. Das euklidische Distanzmaß berechnet sich zu:

$$d_{ii'} = \left[\sum\nolimits_{j=1}^{p} \left(x_{ij} - x_{i'j} \right)^2 \right]^{\frac{1}{2}}, \tag{9.4}$$

mit x_{ij} als Merkmalsausprägung des Objektes e_i und $x_{i'j}$ als Merkmalsausprägung des Objektes $e_{i'}$ auf das Merkmal j (Bortz und Schuster 2010).

Betrachten wir nur zwei Punkte ($p = 2$) in einer Ebene, erhält man den numerischen Abstand zwischen den beiden Punkten. Es ist darauf zu achten, dass Variable den gleichen Skalierungsmaßstab besitzen müssen oder es ist eine z-Transformation anzuwenden.

Es sei noch auf die sogenannte Mahalanobis-Distanz hingewiesen, die für die Distanzberechnung zwischen den Faktoren einer PCA angewendet werden kann (Bortz und Schuster 2010).

Ein weiteres Ähnlichkeitsmerkmal, das insbesondere die Ähnlichkeit von Kurvenverläufen beschreibt, ist die Produkt-Moment-Korrelation (▶ Abschn. 7.3.1).

Euklidische Distanzmaße und Ähnlichkeitsmaße können auch verwendet werden, wenn Bewegungstechniken hinsichtlich der einzelnen Winkel-Zeit-Verläufe miteinander verglichen werden sollen. Damit lassen sich interindividuell als auch intraindividuelle Unterschiede feststellen, bspw. bei einem Karatekick (Witte et al. 2012).

9.4.3 Clusteranalytische Verfahren

Allgemein systematisiert man Clusteranalysen hinsichtlich der verwendeten Methode zur Clusterung. Man unterscheidet zwischen grafentheoretischen, hierarchischen, partitionierenden und optimierenden Verfahren. Bei partitionierenden Verfahren wird eine Anfangsgruppierung vorgegeben. Sukzessive werden die Objekte in andere Gruppen verlagert, so dass die Varianz innerhalb der Gruppen ein Minimum annimmt.

Die wichtigsten hierarchischen Methoden beginnen mit der feinsten Partitionierung, indem jedes einzelne Objekt ein eigenes

Cluster bildet (Bortz und Schuster 2010). Paarweise werden Distanzen zwischen den Objekten berechnet und jeweils die Objekte zu einem Cluster zusammengefügt, die die kleinste Distanz haben und damit am ähnlichsten sind. Dieser Prozess wird sukzessive wiederholt und damit die Anzahl der Cluster reduziert. Diese hierarchische Clusteranalyse wird als agglomerativ bezeichnet. Es gibt verschiedene Algorithmen oder auch Fusionsmethoden, die letztendlich die Clusterbildung ermöglichen. In SPSS (IBM SPSS Statistics 25) ist „Linkage zwischen den Gruppen" voreingestellt. Diese Methode basiert auf dem Durchschnitt der Distanzen von allen möglichen Fallpaaren zwischen zwei Clustern.

Es ist auch möglich, ein Distanzmaß fest vorzugeben. Ein sogenanntes Dendrogramm stellt ein wichtiges Hilfsmittel dar, um die Anzahl der Cluster zu ermitteln bzw. auch vorzugeben (siehe ◘ Abb. 9.8).

■ **Bestimmung der Anzahl der Cluster**
Es stellt sich nun die Frage nach der Anzahl der Cluster. Hier kann man unterschiedlich vorgehen:

— Statistische Kriterien: Dendrogramm, Vorgabe von Distanz- bzw. Ähnlichkeitsmaßen, Heterogenitätsmaß, Minimum-Varianz-Methode (Ward-Methode)
— Inhaltliche (sachlogische) Kriterien

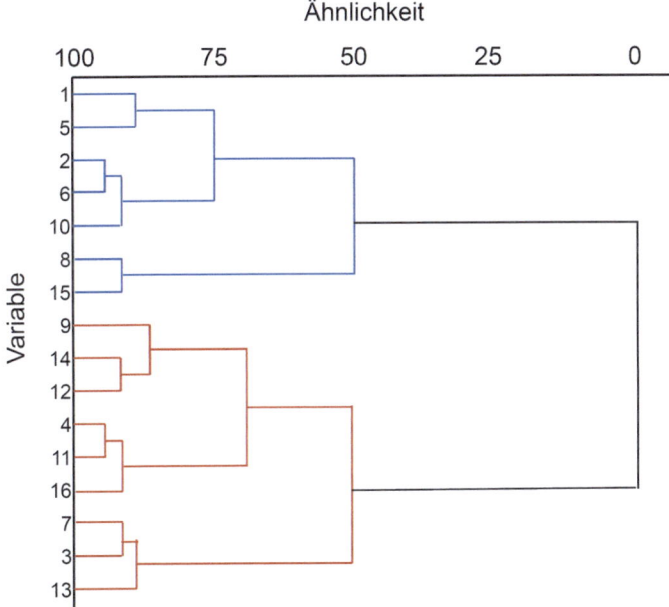

◘ **Abb. 9.8** Schematische Darstellung eines Dendrogramms, das nach einer hierarchischen agglomerativen Clusteranalyse entstanden ist. Mit zunehmender „Unähnlichkeit" wird die Anzahl der Cluster geringer

Wichtig ist auch der Umgang mit sogenannten „Ausreißern". Durch Fusionsmethoden (z. B. Linkage-Verfahren, Ward-Methode) können diese eliminiert werden oder man sieht sie im Dendrogramm und lässt sie für die weiteren Betrachtungen unberücksichtigt.

- **Inhaltliche Interpretation der Cluster**

Die Interpretation der Cluster ist besonders einfach, wenn nach inhaltlichen Kriterien die Anzahl der Cluster bestimmt wurde.

Erfolgte die Clusterung nach statistischen Kriterien, ist zu überlegen, was die Objekte in den Clustern verbindet, worin also die Ähnlichkeit besteht. Hier sieht man den unmittelbaren Zusammenhang zu der Anzahl der Cluster. Weder zu wenige noch zu viele Cluster ermöglichen eine inhaltlich begründbare Interpretation. In der Sportwissenschaft bzw. in der Bewegungswissenschaft könnten solche Cluster sein: Geschlecht, Alter, verschiedene motorische Fähigkeiten, Art der biomechanischen Variable (kinematische, dynamische, elektromyografische), Bewegungsvariable bezogen auf die Körperseite oder auf untere und obere Extremitäten, Krankheitsbilder usw.

Wie bei allen anderen statistischen Verfahren sollte zum Schluss auch eine Prüfung der Generalisierbarkeit erfolgen, denn auch die durchgeführte Clusteranalyse basiert auf einer Stichprobe. Entsprechende Prüfmöglichkeiten sind in Bortz und Schuster (2010) beschrieben.

Für die Durchführung der Clusteranalyse mit SPSS sei auf entsprechende Literatur verwiesen

9.5 Aufgaben zur Vertiefung

- **Aufgabe 1: Bestimmung des Einflusses der Laufgeschwindigkeit auf die Anzahl der PCA-Komponenten**
- Nehmen Sie mit einem Ihnen zur Verfügung stehenden Motion-Capture-System mindestens jeweils fünf Laufzyklen dreier Geschwindigkeiten (langsam, mittel und schnell) einer Versuchsperson auf.
- Berechnen Sie die kinematischen Variablen (z. B. Körperwinkel).
- Erstellen Sie das Datenblatt mit den definierten Variablen (z. B. in SPSS) und kopieren Sie Ihre Daten in diese Tabelle.
- Führen Sie die Hauptkomponentenanalyse entsprechend der Hinweise (▶ Abschn. 9.3.3) aus.
- Können Sie die Hypothese bestätigen (mittels des Laufens bei mittlerer Geschwindigkeit), dass das Laufen als automatisierte zyklische Bewegung weitestgehend durch eine PCA-Komponente erklärt werden kann?

— Können Sie Veränderungen der Eigenwerte bei den verschiedenen Laufgeschwindigkeiten erkennen?
— Stellen Sie Ihre Ergebnisse grafisch dar, diskutieren Sie diese und formulieren Sie einen Antwortsatz.

■ **Aufgabe 2: Ähnlichkeitsanalyse bei dichotomen Merkmalen**

Führen Sie folgende Befragung unter Ihren Kommilitoninnen und Kommilitonen anonymisiert, nur unter Nennung des Geschlechts, durch. Achten Sie dabei darauf, dass ungefähr die gleiche Anzahl von weiblichen und männlichen Studierenden befragt wird (jeweils mindestens 10). Lassen Sie für die Beantwortung der Fragen nur die Antworten „ja" oder „nein" zu.

a) Entspricht das Studium deinen Erwartungen?
b) Trainierst Du neben dem Studium in einem Verein?
c) Bist Du Leistungssportler?
d) Hast Du schon ein konkretes Berufsziel?

Diese Fragen sind nur als Anregung zu verstehen. Gern können Sie diese durch andere ersetzen oder ergänzen.

Codieren Sie männlich und weiblich sowie „ja" und „nein" mit 1 bzw. 0. Entwickeln Sie für jede der vier Fragen eine Tabelle nach dem Schema in ◘ Tab. 9.1.

Stellen Sie fest, inwiefern es Ähnlichkeiten zwischen den Geschlechtern hinsichtlich der Beantwortung der vier Fragen gibt.

Literatur

Arnold, R., & Fletcher, D. (2015). Confirmatory factor analysis of the Sport Emotion Questionnaire in organisational environments. *Journal of Sports Sciences, 33*(2), 169–179.

Bockemühl, T., Bläsing, B., & Schack, T. (2009). Motorische Synergien von Handbewegungen beim Greifen virtueller Objekte. In S. D. Baumgärtner, F. Hänsel, & J. Wiemeyer (Hrsg.), *Informations- und Kommunikationstechnologien in der Sportmotorik* (S. 169 ff.). Darmstadt: Tagung der dvs-Sektion Sportmotorik.

Bortz, J., & Schuster, C. (2010). *Statistik für Human- und Sozialwissenschaftler* (7, vollständig überarbeitete und erweiterte Aufl.). Berlin: Springer.

Bös, K., & Mechling, H. (1983). *Dimensionen sportmotorischer Leistungen.* Schorndorf: Hofmann.

Bös, K., Schlenker, L., & Seidel, I. (2009). Deutscher Motorik-Test 6–18 (DMT 6–18) – Hintergründe und Entwicklungsarbeiten eines neuen Testprofils. In S. D. Baumgärtner, F. Hänsel, & J. Wiemeyer (Hrsg.), *Informations- und Kommunikationstechnologien in der Sportmotorik* (S. 89 ff.). Darmstadt: Tagung der dvs-Sektion Sportmotorik.

Daffertshofer, A., Lamoth, C. J. C., Meijer, O. G., & Beek, P. J. (2004). PCA in studying coordination and variability: A tutorial. *Clinical Biomechanics, 19,* 415–428.

Haas, R. (1995). *Bewegungserkennung und Bewegungsanalyse mit dem Synergetischen Computer*. Aachen: Shaker.

Müller, E. (1989). Sportmotorische Testverfahren zur Talentauswahl im Tennis. *Leistungssport, 19*(2), 5–9.

Oberger, J. (2015). *Sportmotorische Tests im Kindes- und Jugendalter: Normwertbildung, Auswertungsstrategien, Interpretationsmöglichkeiten*. Karlsruher Sportwissenschaftliche Beiträge, Bd. 6. ▶ https://doi.org/10.5445/ksp/1000044654.

Tittlbach, S., Lämmle, L., & Bös, K. (2009). Konstruktivität des Deutschen Motorik-Tests (DMT). In S. D. Baumgärtner, F. Hänsel, & J. Wiemeyer (Hrsg.), *Informations- und Kommunikationstechnologien in der Sportmotorik* (S. 95 ff.). Darmstadt: Tagung der dvs-Sektion Sportmotorik.

Voelcker-Rehage, C., & Lippens, V. (2009). Gleichgewichts-Leistungen: Evaluierung des Konstruktes mit Hilfe unterschiedlicher Messverfahren bei Senioren. In S. D. Baumgärtner, F. Hänsel, & J. Wiemeyer (Hrsg.). *Informations- und Kommunikationstechnologien in der Sportmotorik* (S. 40 ff.). Darmstadt: Tagung der dvs-Sektion Sportmotorik.

Wentura, D., & Pospeschill, M. (2015). *Multivariate Datenanalyse. Eine kompakte Einführung*. Wiesbaden: Springer Fachmedien.

Witte, K., Emmermacher, P., Langenbeck, N., & Perl, J. (2012). Visualized movement patterns and their analysis to classify similarities – demonstrated by the karate kick Mae-Geri. *Kinesiology, 44*(2), 155–165.

Witte, K., Ganter, N., Baumgart, C., & Peham, C. (2010). Applying a principal component analysis to movement coordination in sport. *Mathematical and Computer Modelling of Dynamical Systems, 16*(5), 477–487 (Oct. 2010).

Witte, K., Heller, M., Baca, A., & Kordnfeind, P. (2011). Application of PCA for analysis of movement coordination during fatigue. In Y. Jiang, & H. Zhang (Eds.), *Proceedings of the 8th International Symposium on Computer Science in Sport* (S. 41–44). Liverpool: World Academic Union (World Academic Press).

Witte, K., Schobersberger, H., & Peham, C. (2009). Motion pattern analysis of gait in horseback riding by means of Principal Component Analysis. *Human Movement Science, 28*(3), 394–405 (June 2009).

Wolf, H.-G., & Bacher, J. (2010). Hauptkomponentenanalyse und explorative Faktorenanalyse. In C. Wolf & H. Best (Hrsg.), *Handbuch der sozialwissenschaftlichen Datenanalyse* (S. 333–365). Wiesbaden: Springer Fachmedien.

9

Grundlagen der Testtheorie und Testkonstruktion

10.1   Einführung in die Testtheorie – 140
10.1.1   Grundlagen der klassischen Testtheorie – 141
10.1.2   Grundlagen der probabilistischen Testtheorie – 143

10.2   Grundlagen der Testkonstruktion – 144

10.3   Evaluierung eines Tests auf der Grundlage von Gütekriterien – 146
10.3.1   Objektivität – 147
10.3.2   Reliabilität – 147
10.3.3   Validität – 150

10.4   Fragebogenkonzipierung – 152

10.5   Motorische Tests – 153

10.6   Einige weitere Aspekte der empirischen Forschungsmethode – 154

10.7   Aufgaben zur Vertiefung – 156

Literatur – 158

© Springer-Verlag GmbH Deutschland, ein Teil von Springer Nature 2019
K. Witte, *Angewandte Statistik in der Bewegungswissenschaft (Band 3)*,
https://doi.org/10.1007/978-3-662-58360-9_10

Tests sind oft Gegenstand studentischer Abschlussarbeiten. Aber welche Anforderungen muss ein Test erfüllen? Kann man einen Test auch selbst konzipieren? Wie muss man ggf. dabei vorgehen? Dieses Kapitel soll darauf Antworten geben, erläutert die Grundlagen der Testtheorie und geht weiter auf sportmotorische Tests, Fragebögen und speziell auf Berechnungsverfahren zur Überprüfung der Testreliabilität ein. Es werden weiterhin praktische Hinweise zur Erstellung eines eigenen Studiendesigns gegeben.

10.1 Einführung in die Testtheorie

Die Testtheorie ist ein zentrales Methodenfach der Psychologie (Eid und Schmidt 2014). So besteht eine der wichtigsten Aufgaben der psychologischen Diagnostik darin, Merkmalsausprägungen des Menschen zu erfassen. Tests finden wir aber auch bei Qualitätsprüfungen in der Wirtschaft, die bspw. in DIN-Vorschriften benannt werden. Tests umfassen weiterhin standardisierte Fragebögen, sportmotorische Tests (vgl. Band 1, ▸ Kap. 7), psychologische Tests und Verfahren der medizinischen Diagnostik. Ein Test (hier insbesondere ein psychologischer Test) kann folgendermaßen definiert werden:

> „Ein Test ist ein wissenschaftliches Routineverfahren zur Erfassung eines oder mehrerer empirisch abgrenzbarer psychologischer Merkmale mit dem Ziel einer möglichst genauen quantitativen Aussage über den Grad der individuellen Merkmalsausprägung." (Moosbrugger und Kelava 2012, S. 2).

Entsprechend lässt sich diese Definition auch auf andere Wissenschaftsbereiche transferieren. Die Definition eines sportmotorischen Tests haben wir in ▸ Abschn. 7.4 (Band 1 dieser Lehrbuchreihe) kennengelernt.

Es lassen sich unterschiedliche Testarten klassifizieren (Moosbrugger und Kelava 2012):

- Leistungstests
- Persönlichkeitstests
- Projektive Verfahren (Persönlichkeits-Entfaltungsverfahren)
- Apparative Tests

Bei den Leistungstests unterscheidet man allgemein Speedtests und Powertests. Speedtests (oder Schnelligkeitstests) enthalten leichte bis mittelschwere Aufgaben, wobei die in einer bestimmten Zeit richtig bzw. falsch oder nicht bearbeiteten Aufgaben entsprechend gewertet werden. Im Unterschied dazu nimmt die Schwierigkeit der Aufgaben bei Powertests (oder Niveautests) kontinuierlich zu. Diese Tests sind damit nicht durch die Zeit, sondern durch die Fähigkeit des Probanden begrenzt (Leonhart 2008). Zu den apparativen Tests gehören Verfahren zur Erhebung sensorischer, motorischer und kognitiver Eigenschaften, wobei mehr und mehr auch computerbasierte Tests eingesetzt werden (Moosbrugger und Kelava 2012).

Allgemein werden Testverfahren sowohl zur Querschnitts- als auch zur Längsschnittsdiagnose eingesetzt.

Doch wie können Tests entwickelt werden bei gleichzeitiger Sicherstellung, dass auch das Merkmal erfasst wird, das erfasst werden soll? Im Unterschied zu physikalischen Messungen gibt es in der Regel keine allgemein akzeptierten Vergleichsstandards („golden standards"), so dass oft mehrere Aufgaben bzw. Items notwendig sind, um ein Merkmal zu erfassen. Diesbezüglich unterscheidet man zwischen latenten und manifesten Variablen. Eine latente Variable (oder Merkmal bzw. Konstrukt) ist ein Personenmerkmal, das nicht direkt messbar oder beobachtbar ist, sondern über beobachtbares Verhalten erschlossen werden kann. Manifeste (oder beobachtbare) Variable sind direkt beobachtbare Reaktionen, wie das Lösen oder Nichtlösen einer Aufgabe (Leonhart 2008).

DieTesttheorie liefert nun Gütekriterien, anhand derer die Qualität des Tests beurteilt werden kann (Leonhart 2010). Demnach muss ein Test so gestaltet sein, dass die Gütekriterien optimal sind. Die Testtheorie beschäftigt sich mit der Entwicklung und Formalisierung von psychometrischen Modellen für psychologische Tests. Sie stellt weiterhin Verfahren zur Testkonstruktion und Evaluierung bereit.

Lassen Sie sich nicht verwirren, wenn an dieser Stelle besonders auf psychologische Tests eingegangen wird. Einerseits werden viele von ihnen auch in der sportmotorischen Forschung genutzt, andererseits haben motorische Tests, wie wir noch besprechen werden, viele Eigenschaften psychologischer Tests. Insbesondere bildet die Testtheorie die Grundlage von Fragebögen bzw. Tests, die aus verschiedenen Items bestehen.

10.1.1 Grundlagen der klassischen Testtheorie

Die klassische Testtheorie (KTT) bildet die Basis der meisten psychologischen Testverfahren. Deshalb sind grundlegende Kenntnisse der KTT für die Entwicklung, Anwendung und Bewertung von Testverfahren notwendig.

Die Grundlagen der klassischen Testtheorie sind in vielen Fachbüchern (z. B. Leonhart 2008) zu finden. Nachfolgend sollen die wesentlichen Aspekte zusammengefasst werden.

Wichtig für uns ist es zu wissen, dass die KTT Variationen der Messergebnisse bei einzelnen Personen sowohl zu verschiedenen Zeitpunkten als auch im Vergleich zu einem anderen Messverfahren berücksichtigt. Es gibt zwei generelle Ursachen für diese Variationen:

1. Verbesserung der Testleistung durch Gewöhnungs- bzw. Lerneffekte,
2. Einfluss unsystematischer (nicht erfasster) innerer Faktoren (z. B. Motivation, Tagesform) oder äußerer Faktoren (z. B. Lichtverhältnisse, Testraum, Wetter).

So lässt die KTT auch keine Aussagen darüber zu, wie die einzelnen Items bspw. eines Fragebogens von einer Testperson beantwortet werden, obwohl die Gesamttestleistung bekannt ist. Damit kann die KTT auch als reine Messfehlertheorie bezeichnet werden. Der beobachtete Messwert (X) einer Versuchsperson ist die Summe aus einem konstanten Wert (T) und einem Messfehler (E):

$$X = T + E \tag{10.1}$$

In dem Messfehler ($E = X - T$) sind nun alle unkontrollierten unsystematischen Störeinflüsse enthalten. Er verursacht die verschiedenen Ergebnisse bei wiederholten Messungen. Eigenschaften des Messfehlers sind:

- Bei unendlich vielen Messungen ist der Mittelwert null.
- Es besteht kein Zusammenhang zwischen dem Messfehler und dem tatsächlichen Wert.
- Bei Anwendung verschiedener Testverfahren sind die jeweiligen Messfehler unabhängig voneinander.

Es sind aber auch einige Kritikpunkte der KTT zu nennen:

- Systematische Einflüsse bzw. systematische Fehler werden nicht berücksichtigt.
- Es wird sich im Wesentlichen auf eindimensionale Tests bezogen, wodurch bspw. Fragebögen, die zwei Konstrukte erfassen sollen, nicht betrachtet wären.
- Es ist nicht einleuchtend, warum die Korrelation zwischen Fehlerwerten zweier Testverfahren null sein soll.

Trotz dieser methodischen Unzulänglichkeiten hat sich die KTT in der Praxis bewährt.

10.1.2 Grundlagen der probabilistischen Testtheorie

Es ist zu beobachten, dass die KTT immer mehr durch die probabilistische Testtheorie (PTT), auch Item-Response-Theorie genannt, abgelöst wird. So wurden bspw. die in der PISA-Studie entwickelten Verfahren nach PTT konstruiert. In der PTT geht es darum zu ermitteln, wie die Antworten auf die einzelnen Items zu begründen sind (Leonhart 2008).

Die PTT geht davon aus, dass die Antworten auf die einzelnen Items Indikatoren für die latenten Merkmale (hier Fähigkeiten) sind. Je nach Anwendungsfall bzw. Zielstellung des Testverfahrens können die Items nach ihrer Schwierigkeit geordnet werden oder die Testperson kann entsprechend ihrer Leistungsfähigkeit in eine Rangordnung gebracht werden. So sind bspw. beim GGT (Gleichgewichtstest nach Wydra und Bös 2001) die Items nach Schwierigkeitsgrad geordnet. Die Autoren empfehlen, das Nichtlösen zweier aufeinanderfolgenden Übungen (Items) als Abbruchkriterium zu verwenden.

In der PTT wird für jedes Item eine Lösungswahrscheinlichkeit ermittelt. Die ◻ Abb. 10.1 zeigt bspw. für nach Schwierigkeit geordnete Items die Wahrscheinlichkeit des Lösens dieser Items. Mit zunehmender Fähigkeit der Testperson nimmt die Wahrscheinlichkeit zu, so dass sich die Anzahl der richtig gelösten Items erhöht. Diese Vorgehensweise ist Inhalt des sogenannten Rasch-Modells, eines der nach dem Statistiker Georg Rasch benannten bekanntesten mathematisch-psychologischen Modelle

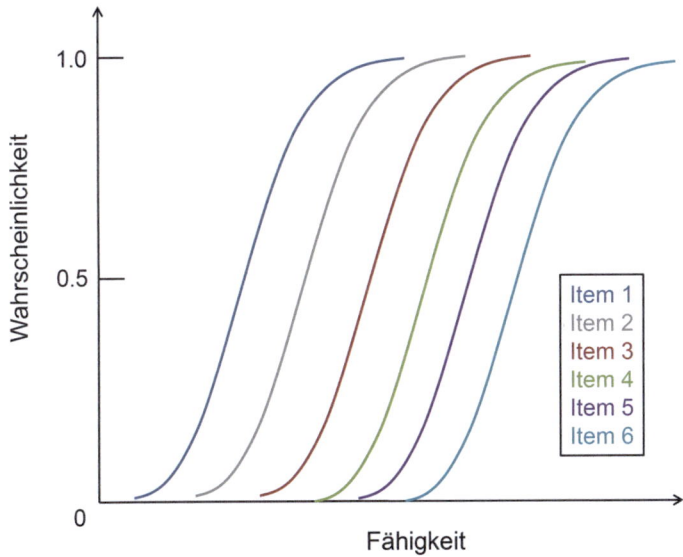

◻ **Abb. 10.1** Item-Charakteristik-Kurve für die PPT

der probabilistischen Testtheorie. Dieses Modell gibt also eine hypothetische Vorstellung darüber, wie die Lösungswahrscheinlichkeiten verschiedener Aufgaben von einem Merkmal abhängen. Das Rasch-Modell nimmt also an, dass die Lösungswahrscheinlichkeiten aller Items (neben der Itemschwierigkeit) von nur einem Personenmerkmal (Fähigkeit) abhängen und dass alle Items dasselbe Personenmerkmal messen. Wie die ◨ Abb. 10.1 zeigt, haben alle Items die gleiche Charakteristik.

Die Nachteile der PTT bestehen in der großen Schwierigkeit, modellkonforme Items zu finden und in dem notwendigen höheren Stichprobenumfang.

10.2 Grundlagen der Testkonstruktion

Wichtige Voraussetzungen für die Konstruktion eines Tests sind:
- das Vorliegen einer Theorie,
- eine möglichst genaue Definition des zu untersuchenden latenten Merkmals und
- eine möglichst hohe Korrelation des latenten Merkmals mit den objektiven manifesten Variablen (den sogenannten Indikatoren).

Für die Testkonstruktion werden folgende Schritte benannt (modifiziert nach Leonhart 2008; Eid und Schmidt 2014):
1. Anforderungsanalyse und Problemstellung
2. Literaturrecherche und Planung
3. Eingrenzung des Merkmals und Arbeitsdefinition
   - Wahl des Theoriemodells oder ggf. auch mehrerer Theoriemodelle
   - Erstellung eines Itempools
   - Festlegung der Methode der Testkonstruktion (z. B. deduktiv, induktiv)
4. Testentwurf
   - Festlegung der Zielgruppe und Zweck des Tests
   - Definition der Skalen für die Items
5. Durchführung des Testentwurfs
   - Durchlauf des Tests mit einer ausreichend großen Stichprobe, die auch der Zielstichprobe entspricht
   - Expertenbefragung auch hinsichtlich der Nebengütekriterien
6. Verteilungsanalyse bzgl. der Items
   - Analyse der Antworten für jedes Item, um Decken- und Bodeneffekte zu vermeiden, wobei eine annähernde Normalverteilung optimal ist
7. Itemanalyse und Itemselektion
   - Eliminierung von Items, die bspw. von allen oder keinem Probanden erfüllt werden, und von Items mit zu geringer

Trennschärfe, um eine hinreichende Sensibilität des Tests zu gewährleisten

8. Kriterienkontrolle
   - Überprüfung der Hauptgütekriterien (Objektivität, Reliabilität und Validität)
9. Revision des Tests
   - Überarbeitung und Verbesserungen
10. Skalierung, Standardisierung und Normierung
    - Unter Zuhilfenahme der Testergebnisse mit einer hinreichend großen Stichprobe (Normstichprobe) kann bestimmt werden, welche Skalenwerte als über- oder unterdurchschnittlich bewertet werden
11. Testdokumentation
    - Enthält: Quellenangaben/Literatur, Inhalt/Gegenstandsbereich, Itembeschreibung, Anwendungs- und Gültigkeitsbereich, Angabe zu den Hauptgütekriterien, Beschreibung der Testdurchführung mit Angabe der notwendigen Materialien, Erläuterung zu den Auswertemodalitäten, Normwerte

Eine besondere Herausforderung besteht im Finden der geeigneten Items. Hierbei sind drei Aspekte zu berücksichtigen (Eid und Schmidt 2014):

- Man benötigt Reize, die das merkmalrelevante Verhalten provozieren.
- Die Reaktionsformen müssen so objektivierbar sein, dass sie das Verhalten charakterisieren.
- Es muss ein Modell gefunden werden, das die beobachteten Reaktionen mit dem latenten Merkmal (Konstrukt) in Verbindung setzt, so dass das latente Merkmal bestimmbar wird.

Je nach der Art des Reizes (Items) lassen sich verschiedene Erfassungsmethoden unterscheiden, wie bspw. Tests zur Messung spezifischer Leistungen oder Fragebögen zur Ermittlung von Persönlichkeitsmerkmalen, Einstellungen, Wahrnehmungen, Befinden und subjektiven Einschätzungen (Eid und Schmidt 2014). Wesentliche Fragen bei der Testkonstruktion müssen sich darauf beziehen, ob die verschiedenen Items auch dasselbe Merkmal erfassen und ob die gewünschte Präzision gewährleistet werden kann.

Es ist anzumerken, dass man zwischen ein- und mehrdimensionalen Testmodellen unterscheidet, die in der weiterführenden Literatur erklärt werden (Eid und Schmidt 2014; Moosbrugger und Kelava 2012).

Die Itemselektion erfolgt auf der Grundlage der Itemschwierigkeit, Itemvarianz und Itemtrennschärfe. Die Itemvarianz des Items i berechnet sich zu:

$$\mathrm{Var}(x_i) = \frac{\sum_{v=1}^{n} (x_{vi} - \bar{x}_i)^2}{n}, \tag{10.2}$$

mit x_{vi} als Antwort oder Lösungsmöglichkeit des Items i und n als Anzahl der Probanden.

Da davon ausgegangen wird, dass es eine funktionale Abhängigkeit zwischen dem Itemmittelwert $\bar{x}_i$ und der Lösungswahrscheinlichkeit p_i gibt, kann man auch schreiben:

$$\mathrm{Var}(x_i) = \frac{\sum_{v=1}^{n} (x_{vi} - p_i \cdot (k-1))^2}{n} \tag{10.3}$$

mit $p_i = P_i/100$, K als Anzahl der Antwortstufen des Items i und $p_i \cdot (k-1)$ als durchschnittliche Antwort aller Probanden auf das Item i. P_i wird als Schwierigkeitsindex bezeichnet (Moosbrugger und Kelava 2012) und folgendermaßen ermittelt:

$$P_i = \frac{\sum_{v=1}^{n} x_{vi}}{n \cdot (k-1)} \cdot 100 \tag{10.4}$$

Die Itemvarianz ist damit ein Differenzierungsmaß eines Items. Eine hohe Trennschärfe, berechnet aus der Korrelation des Items mit einer Skala, den Streuungen des Items und der Streuung der Skala, geht im Allgemeinen mit einer hohen Itemvarianz einher. Diesbezügliche Berechnungsvorschriften sind bei Moosbrugger und Kelava (2012) zu finden.

Interessant und wichtig für viele sportmotorische Tests ist die Normierung von Tests. Dadurch erhält man bei Testanwendung eine bessere Interpretierbarkeit der Testwerte für einen Probanden. Außerdem ist dadurch die Vergleichbarkeit der Merkmalsausprägungen zwischen verschiedenen Tests möglich. Um das Testergebnis einer Versuchsperson oder einer Stichprobe einordnen zu können, bedarf es einer sogenannten Normstichprobe. Um die Daten zueinander in Bezug setzen zu können, sind Daten-Transformationen notwendig. Eine bekannte lineare Transformation ist die z-Transformation, die wir bereits im ▶ Abschn. 2.6 besprochen haben.

10.3 Evaluierung eines Tests auf der Grundlage von Gütekriterien

Wenn aus einer Untersuchung ein Test mit hoher Standardisierung werden soll, muss geprüft werden, ob er den sogenannten Haupt- und Nebengütekriterien genügt. Wurde der Test einschließlich des Manuals von einem wissenschaftlichen Verlag bezogen, kann davon ausgegangen werden, dass diese Forderung erfüllt ist. Doch oft wird ein Test für eine spezifische praktische Anforderung auch im Rahmen von Abschlussarbeiten erarbeitet.

Hierfür sollten die Hauptgütekriterien zumindest eingeschätzt und insbesondere die Reliabilität überprüft werden. Bevor wir hierzu etwas ausführlicher kommen, kurz noch etwas zu den Nebengütekriterien.

Zu den Nebengütekriterien zählen, je nach Autor und Wissenschaftsgebiet, Testfairnis, Ökonomie, Nützlichkeit, Vergleichbarkeit, Transparenz, Unverfälschbarkeit und Normierung. Insbesondere Studierenden sei empfohlen, sich über ökonomische Aspekte der Testdurchführung Gedanken zu machen. Damit sind gemeint: Organisation der Testmaterialien, eventuelle Helfer und geeignete Räumlichkeiten. Oft wird die notwendige Zeit für einen Test unterschätzt. So muss kritisch überlegt werden, ob der Test nicht zu lang ist und damit die Probanden vorzeitig ermüden oder ihre Motivation nachlässt. Dies ist besonders wichtig, wenn am gleichen Untersuchungstag noch andere Tests folgen sollen. Dann ist es auch wichtig, eine optimale Testreihenfolge (ggf. randomisiert) festzulegen.

10.3.1 Objektivität

Generell ist ein Test als objektiv zu bezeichnen, wenn die Durchführung, Datenerhebung und Interpretation weder vom Testleiter noch von der Versuchsperson abhängen. Demzufolge ist es wichtig, dass die Testanleitung (auch Manual) so detailliert wie möglich ist. Man unterscheidet drei Formen der Objektivität: Durchführungsobjektivität, Auswertungsobjektivität und Interpretationsobjektivität. Es ist einleuchtend, dass hierbei Verfahren, die die Messungen von physikalischen Größen (z. B. Zeit) beinhalten, bereits eine entsprechende Objektivität aufweisen.

Für die Quantifizierbarkeit der Objektivität werden Korrelationskoeffizienten zwischen den Ergebnissen von Tests, die von mindestens zwei Versuchsleitern durchgeführt und ausgewertet wurden, berechnet. Die Beurteilung der Werte für den Objektivitätskoeffizienten kann nach Clarke (1976) erfolgen und sollte möglichst größer als 0,9 sein.

10.3.2 Reliabilität

Reliabilität bedeutet Zuverlässigkeit oder auch Exaktheit des Tests. Es geht hierbei um die Reproduzierbarkeit der Ergebnisse unter gleichen Bedingungen. Ein Test wird als reliabel bezeichnet, wenn die Testwerte für eine Versuchsperson bei nach einem bestimmten Abstand wiederholter Durchführung identisch sind. In der ■ Tab. 10.1 sind mögliche Verfahren zur Bestimmung der Reliabilität angegeben.

□ Tab. 10.1 Methoden zur Bestimmung der Reliabilität eines Testverfahrens. (Mod. nach Leonhart 2008; Eid und Schmidt 2014)

Art der Reliabilität	Methoden
Innere Konsistenz	Cronbach's Alpha (α)
Testhalbierungsreliabilität	Zusammenhang zwischen den Items als Korrelation von zwei gleich langen Testteilen – Split-half-Methode (111…222…) – Odd-even-Methode (12121212…)
Retest-Reliabilität	Korrelation zwischen den Werten zweier Messzeitpunkte
Paralleltest-Reliabilität	Korrelation zwischen den Ergebnissen zweier vergleichbarer Tests, die das gleiche Merkmal ermitteln
Interrater-Reliabilität	Interrater-Reliabilitäts-Koeffizient (ICC)

■ **Cronbach's Alpha (α)**

Der Cronbach's Alpha ist ein Maß für die Homogenität des Tests und definiert als die durchschnittliche Korrelation zwischen den Items:

$$\alpha = \frac{N}{N-1}\left(1 - \frac{\sum_{i=1}^{N} s_i^2}{s_x^2}\right), \tag{10.5}$$

Mit s_i^2 – Varianz des Testitems i, N – Anzahl der Testitems und s_x^2 – Varianz des Gesamtmerkmals (Konstrukts). Cronbach's Alpha lässt sich auch mit Hilfe der Summe aller Kovarianzen der beobachteten Variablen berechnen (vergleiche Eid und Schmidt 2014). Damit ist α umso größer, je größer die Kovarianzen der beobachtbaren Variablen sind. Deshalb stellt Cronbach's Alpha auch eine Möglichkeit dar, die innere oder interne Konsistenz eines Tests zu quantifizieren. Cronbach's Alpha kann Werte zwischen minus unendlich und 1 annehmen. Allerdings ist es sinnvoll, nur positive Werte zu interpretieren. Als optimal sind Werte zwischen 0,65 und 0,95 anzusehen. Ist $\alpha > 0{,}95$, könnte es sein, dass der Test redundante Items enthält.

Auch SPSS enthält die Möglichkeit der Reliabilitätsanalyse. Neben Cronbach's Alpha sind auch noch weitere Verfahren (Split-Half, Guttman, Parallel und Streng parallel) möglich (Leonhart 2010).

■ **Interrater-Reliabilitäts-Koeffizient (ICC)**

Eine Reliabilitätsanalyse kann nicht nur zur Beurteilung von Tests verwendet werden. Ein anderes Anwendungsgebiet, das im Sport häufig vorkommt, ist die Beurteilung von Testleistungen durch sogenannte Rater (Bewerter). So stellt sich die Frage, inwiefern die Beurteilungen der Testleistung einer einzelnen Person durch mehrere Rater als gleich oder unterschiedlich einzustufen ist. Hierfür wäre Cronbach's Alpha weniger geeignet, da bei ihm nur die gemeinsame Varianz der Items betrachtet wird. Der Interrater-Reliabilitäts-Koeffizient (ICC) berücksichtigt dagegen auch die Höhe der Bewertungen bzw. die Mittelwertsunterschiede (Leonhart 2008, 2010). Dies sei an einem einfachen Beispiel in Anlehnung an Leonhart (2008, 2010) verdeutlicht. Eine sportliche Leistung soll auf der Basis von vier Kriterien von zwei Ratern bewertet werden. Es ergeben sich folgende Resultate (◘ Abb. 10.2). Ersichtlich ist, dass die Bewertungen beider Rater hoch korrelieren ($r = 1,0$), jedoch ist die Bewertung von Rater 2 hinsichtlich der Absolutwerte immer deutlich höher als die von Rater 1.

Der ICC stellt ein parametrisches statistisches Verfahren dar, um die Übereinstimmung mehrerer Rater in Bezug auf mehrere Merkmale oder Items zu quantifizieren. Er setzt intervallskalierte Daten voraus. SPSS bietet mehrere Modelle an, nach denen der ICC berechnet werden kann (Leonhart 2010). Diese unterscheiden sich darin, ob alle Fälle von allen Ratern bewertet wurden, ob die Auswahl der Rater randomisiert erfolgte und ob es sich um Einzelwerte oder Mittelwerte handelt. Beispielsweise wird der ICC für eine zufällige Auswahl der Rater, die Verwendung von Einzelwerten und dass nicht alle Fälle von jedem Rater beurteilt wurden, folgendermaßen berechnet:

	Merkmal 1	Merkmal 2	Merkmal 3	Merkmal 4
● Rater 1	2	4	8	6
○ Rater 2	6	8	12	10

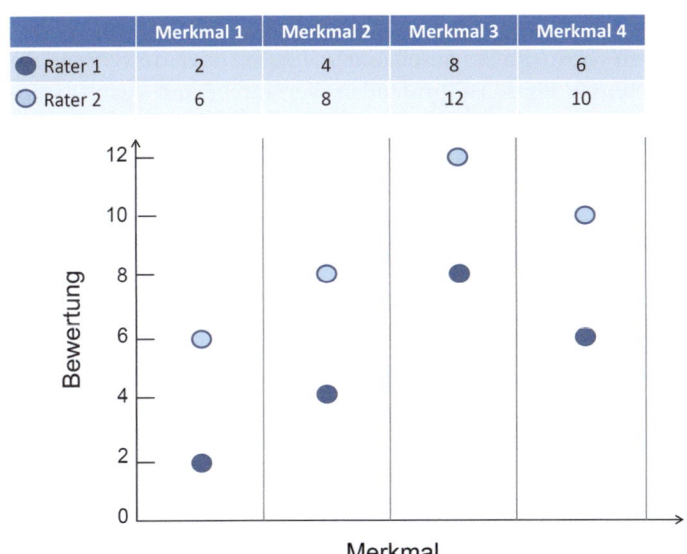

◘ **Abb. 10.2** Bewertungen einer Leistung auf der Basis von vier Merkmalen durch zwei Rater (konstruiertes Beispiel)

$$ICC\,(1,1) = \frac{MS_{\text{zw}} - MS_{\text{inn}}}{MS_{\text{zw}} + (k-1)\ \cdot\ MS_{\text{inn}}}, \tag{10.6}$$

mit MS_{zw} – Varianz zwischen den Personen, MS_{inn} – Varianz innerhalb einer Person (zwischen den Merkmalen) und k – Anzahl der Rater. SPSS ermittelt mit Hilfe der Varianzanalyse die Signifikanz des Ratereinflusses.

Auch der ICC als reines statistisches Verfahren wird zwar sehr häufig eingesetzt, bietet aber auf Grund seiner abstrakten Vorgehensweise nicht immer eine inhaltliche Verbindung, so dass es dem Anwender oft nicht leicht fällt, eine eindeutige Aussage zur Reliabilität in Bezug zu den Ratern zu treffen.

■ **Bland-Altman-Methode**

Insbesondere wenn zwei Messverfahren miteinander zu vergleichen sind, hat sich die optische Bland-Altmann-Methode durchgesetzt. Hierbei handelt es sich um ein Punktediagramm, in dem die Differenzen $(S_1 - S_2)$ oder der Quotient (S_1/S_2) der Messwerte der beiden Messverfahren über den jeweiligen Mittelwert $((S_1 + S_2)/2)$ abgetragen wird. Zur leichteren Orientierung im Diagramm und zur Interpretation ist es üblich, folgende zusätzliche Linien einzutragen:

– Mittelwert der Differenz
– Mittelwert der Differenz plus $1{,}96 \cdot$ Standardabweichung der Differenz
– Mittelwert der Differenz minus $1{,}96 \cdot$ Standardabweichung der Differenz

Damit kann optisch beurteilt werden, wie weit beide Verfahren bzw. Rater auseinander liegen oder inwiefern die Ergebnisse eines zu prüfenden Verfahrens mit dem „Goldstandard" übereinstimmen. Ein konstruiertes Beispiel zeigt die ▢ Abb. 10.3. Die Darstellungen sind mit SPSS oder mit einer anderen Software auch manuell auf Grund der einfachen Berechnungen möglich.

10.3.3 **Validität**

Durch die Bewertung der Validität wird ermittelt, ob der Test auch das misst, was er messen soll. Nicht immer ist der einfache Vergleich mit einem anderen Messverfahren zielführend, da die zu untersuchenden Merkmale meist eine große Komplexität aufweisen. So können Korrelationen zwischen konstruktnahen und konstruktfernen Verfahren bestimmt werden. Entsprechend gibt es auch unterschiedliche Validitätswerte (vgl. ▢ Tab. 10.2).

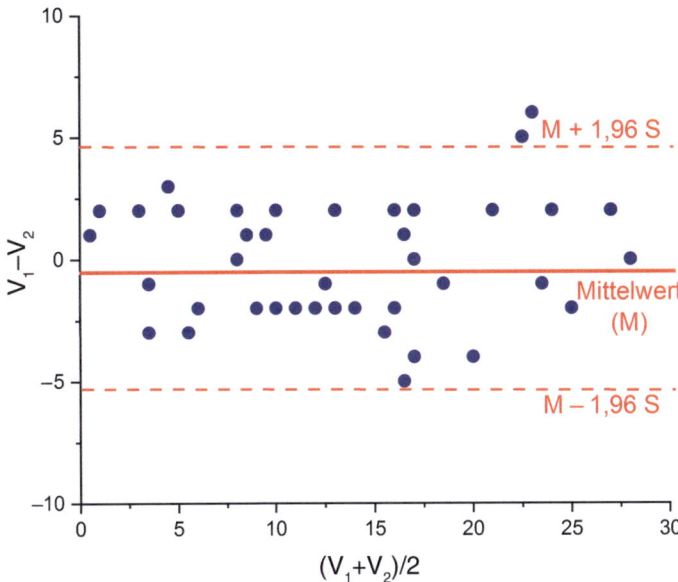

■ **Abb. 10.3** Beispiel eines Bland-Altmann-Diagramms. Die Differenz zwischen den beiden Variablen V_1 und V_2 wird über deren Mittelwert abgetragen

■ **Tab. 10.2** Formen der Validität. (Nach Eid und Schmidt 2014)	
Form der Validität	**Erläuterung**
Konstruktvalidität	– Interpretierbarkeit der Testwerte auf der Basis des betrachteten Merkmals (Konstrukts) – Ist in Abhängigkeit von der Anwendung nie endgültig abgeschlossen
Konvergente Validität	– Zusammenhang mit anderen Tests, die das gleiche Merkmal (Konstrukt) erfassen
Diskriminante Validität	– Nachweis eines möglichst geringen Zusammenhangs mit Ergebnissen von Tests, die andere Merkmale (Konstrukte) erfassen
Inhaltsvalidität	– Sind die Items ausreichend und repräsentativ? – Wird oft mit Hilfe von Expertenurteilen bestimmt
Kriteriumsvalidität	– Vorhersage eines ähnlichen Merkmals außerhalb der Testsituation
Augenscheinvalidität	– Offensichtlichkeit für einen Laien, auf welches Merkmal durch die Items geschlossen werden soll

Abschließend zu den Hauptgütekriterien sei festgestellt, dass eine geringe Objektivität zu einer schlechteren Reliabilität führt. Eine geringe Reliabilität bedingt zwangsläufig auch eine geringere Validität (Leonhart 2008).

10.4 Fragebogenkonzipierung

Oft werden im Rahmen sportmotorischer Untersuchungen auch Fragebögen, die ebenfalls zu standardisierten Tests gehören, eingesetzt. Neben dem klassischen Fragebogen gibt es auch die persönlich-mündliche und die telefonische Befragung.

Generell sollten möglichst evaluierte Fragebögen verwendet werden. Ist dies auf Grund der Thematik bspw. einer Abschlussarbeit nicht möglich, muss vielleicht ein eigener Feedbackbogen oder gar Fragebogen entwickelt werden. Dabei gilt es viele Fallstricke zu beachten, damit die Ergebnisse der Befragung auch innerhalb einer wissenschaftlichen Studie verwendet werden können. Wichtig ist, dass der Fragebogen vor dem eigentlichen Einsatz in einer Studie getestet wird.

Es gibt ausreichend Literatur, die sich mit der Konzipierung von Fragebögen beschäftigen. Besonders praxisnah und verständlich ist das Arbeitsbuch von Porst (2011). Nachfolgend sind ein paar wesentliche Aspekte zusammengefasst, die bei der Erstellung eines Fragebogens unbedingt berücksichtigt werden sollten:

- Schon während der Konzipierung und Zusammenstellung der Fragen ist an die statistische Auswertung zu denken.
- Die Antworten auf die Fragen müssen in ein Antwortformat eingepasst werden (vorgegebene Antworten, Nutzung von Skalen, Antwort mit eigenen Worten).
- Festlegung der Skalenbreite und Skalenabstufung
- Zehn Gebote für die Formulierung der Fragen:
  - Verwendung von einfachen und eindeutigen Begriffen
  - Vermeidung von langen und komplexen Fragen
  - Vermeidung von hypothetischen Fragen
  - Vermeidung doppelter Stimuli und doppelter Verneinung
  - Vermeidung von Unterstellungen und suggestiven Fragen
  - Berücksichtigung des Erfahrungsschatzes der Befragten
  - Beachtung des eindeutigen zeitlichen Bezugs
  - Verwendung von erschöpfenden und überschneidungsfreien Antwortskalen
  - Vermeidung unkontrollierter Auswirkung der Beantwortung einer Frage auf die nächste
  - Definition von eventuell unklaren Begriffen

Weiterführende Ausführungen finden Sie u. a. bei Porst (2011).

10

10.5 Motorische Tests

Mit motorischen Tests haben wir uns bereits im Band 1 (▶ Abschn. 7.4) kurz beschäftigt. Wir wollen nachfolgend auf einige testtheoretische Aspekte der motorischen Tests eingehen.

Das Ziel motorischer Testdiagnostik besteht in der quantitativen Erfassung des Ausprägungsgrades allgemeiner und spezieller motorischer Fähigkeiten (Roth 1977).

Von Bös (2001) wird darauf hingewiesen, dass es wichtig ist, scharf zwischen einem Test und testähnlichen Untersuchungsverfahren zu unterscheiden. Ausschlaggebend ist das Gelten der Hauptgütekriterien. Verfahren, die die Testgütekriterien nicht erfüllen, können trotzdem in der Praxis relevant sein. Sie werden dann als „informelle Tests" oder „Screenings" bezeichnet. Viele motorische Tests basieren teilweise auf Alltagserfahrungen von erfahrenen Sportpraktikern, insbesondere wenn es um die motorischen Invarianten Kraft und Ausdauer geht. So sind viele Fitness- und Komplextests entstanden.

Die Gültigkeitsbereiche sportmotorischer Tests sind durch die Spezifizierung von Geschlecht, Alter und Zielgruppe charakterisiert. Aber auch das bestehende Leistungsniveau und anthropometrische Daten können den Gültigkeitsbereich eines motorischen Tests beeinflussen. Bös (2001) erklärt dies am Beispiel von Klimmzügen. Ebenso kann dies für andere Übungen, wie bspw. Liegestütz, gelten. So werden in vielen komplexen Tests Klimmzüge zur Messung der Kraftausdauer genutzt. Für einen Untrainierten kann dies aber eine Maximalkraftbelastung bedeuten. Für einen gut trainierten Sportler ist jedoch die Anzahl der absolvierten Klimmzüge in 10 s als Indikator für Schnellkraftfähigkeit und in Relation auf 30 s als Kraftausdauerleistung zu werten.

In Bezug auf sportpsychologische Diagnoseverfahren ist festzuhalten, dass diese auf psychologischen Theorien basieren und entsprechend nach testpsychologischen Kriterien konzipiert sind (Bös 2001). Bei der Erarbeitung eines neuen sportmotorischen Tests geht Bös (2001) von einem Interaktionsgeschehen des Testkonstrukteurs mit den Bereichen Persönlichkeitstheorie, spezifischer sportmotorischer Gegenstandsbereich, Testtheorie und Konstruktionsstrategie aus.

Sportmotorische Tests lassen sich hinsichtlich ihrer Mess- und Bewertungsvorschriften in folgende Klassen einteilen (Bös 2001):

- Aufgaben mit dichotomer Bewertung (Aufgabe gelöst/nicht gelöst)
- Aufgaben mit qualitativer Bewertung (Expertenrating)
- Aufgaben mit Punktbewertung
- Aufgaben mit metrischen Erfassungen (z. B. Zeiten, Strecken, Weiten)

Insbesondere die letzte Aufgabenklasse zeichnet sich auf Grund der metrischen Erfassung durch eine hohe Objektivität aus. Generell wird eine Testobjektivität von $r > 0,9$ gefordert.

Für die Konstruktion eines sportmotorischen Tests gelten ähnliche Richtlinien, wie wir sie bereits (▶ Abschn. 10.2) behandelt haben. Ein diesbezügliches Schema ist in Bös (2001) enthalten. Zunächst sind die Fragen zu klären, ob der Test relevant ist und eventuell schon derartige Tests existieren. Dann können die weiteren Prozessschritte (▶ Abschn. 10.2) abgearbeitet werden.

Ein wichtiger Aspekt für die Vergleichbarkeit der Testergebnisse ist die Schaffung eines unabhängigen Maßstabs. Hierfür sind Normskalen geeignet. Zu den Standard-Normskalen gehören (Bös 2001):

- z-Skala
- Z-Skala ($Z = 100 + 10z$)
- Stanine-Skala ($ST = 5 + 1,96z$)
- Standard-Notenskala ($SN = 3 - z$)
- T-Skala ($T = 50 + 10z$)
- Prozentrangskala (gibt an wie viel Prozent der Gesamtprobanden gleich oder schlechter im Test abgeschnitten haben)

Normskalen können in Form von Tabellen oder Nomogrammen angegeben werden.

10.6 Einige weitere Aspekte der empirischen Forschungsmethode

Abschließend zum Kap. 10 soll auf ein paar Aspekte der empirischen Forschungsmethode, die wir im ▶ Kap. 1 des vorliegenden Bandes behandelt haben, vertiefend eingegangen werden. Dabei soll das Ziel verfolgt werden, es Studierenden zu erleichtern, ein eigenes Studiendesign mit einer entsprechenden Auswertestatistik zu erstellen. Weiterführende und detailliertere Ausführungen sind bei Häder (2010) zu finden.

Studien können nach unterschiedlichen Gesichtspunkten klassifiziert werden. Üblich und für die Auswertestrategie wichtig ist die Unterscheidung in Quer- und Längsschnittstudien. Die Untersuchungen von Querschnittstudien finden zu einem festgelegten Zeitpunkt bzw. in einer sehr kurzen Zeitdauer statt. Es wird der aktuelle Zustand einer Probandengruppe unter den gegebenen Bedingungen (quasi als „fotografische" Erhebung) festgehalten. Trend- und Panelstudien zählen zu den Längsschnittstudien. Bei Trendstudien werden gleiche Querschnittstudien zu mehreren Zeitpunkten bei unterschiedlichen Stichproben, die aber der gleichen Grundgesamtheit angehören, durchgeführt.

Im Unterschied dazu finden bei Panelstudien mehrmalige Untersuchungen, allerdings immer bei derselben Stichprobe, statt. So können Veränderungen auf der Individualebene ermittelt werden.

Ein weiterer wichtiger Aspekt aller Studien mit Personen ist der Datenschutz. Dies bedeutet eine Anonymisierung der Daten. Es muss ausgewiesen werden, wer Zugang zu den Originaldaten hat. Es ist üblich, in einer Probandenaufklärung die Nichtweiterleitung der Daten an Dritte zu versichern. Probandeninformationen, die den Testpersonen vor Beginn der Studie zur Verfügung zu stellen sind, beinhalten: Informationen zum Studienablauf, Möglichkeit des jederzeitigen Abbruchs ohne jede Konsequenz für die Testperson, Datenschutz und eventuelle Aufwandsentschädigungen. Weiterhin sind Studien bei der örtlichen Ethik-Kommission zu beantragen. Eine Registrierung medizinischer Studien (dies ist bei sehr vielen motorischen Studien der Fall) ist beim Deutschen Institut für Medizinische Dokumentation und Information (DIMDI) anzumelden.

Hinweise zum Auswahlverfahren, insbesondere zur Ermittlung des optimalen Stichprobenumfangs und eines eventuellen Schichtungsverfahrens sind bei Häder (2010) zu finden.

Bezüglich des Versuchsplans für Studien mit experimentellem Charakter ist zunächst zwischen einer oder mehreren Experimentalgruppen sowie einer Kontroll- oder Vergleichsgruppe (ohne Intervention) zu unterscheiden. Die Untersuchungen finden vor (Pretest) und nach (Posttest) der Intervention statt. Um eventuelle zeitliche Veränderungen zu diagnostizieren, sind auch mehrere Messungen vor und nach der Intervention möglich (vgl. ◘ Tab. 10.3 und 10.4). Dabei muss immer analysiert werden, ob bei der Experimentalgruppe (eventuell auch mehrere) und der Kontrollgruppe die gleichen Ausgangsbedingungen im Pretest vorliegen, d. h., es ist statistisch abzuprüfen, ob die Mittelwerte der Leistungen zwischen Experimentalgruppe(n) und Kontrollgruppe im Pretest gleich sind, also die gleiche Baseline haben.

◘ **Tab. 10.3** Zeitlicher Untersuchungsplan für eine experimentelle Studie

	Zeitpunkt		
	t_0	t_{int}	t_1
Experimental-gruppe	Pretest	Experimentelle Einflussnahme/ Intervention	Posttest
Kontrollgruppe	Pretest	–	Posttest

☐ **Tab. 10.4** Zeitlicher Untersuchungsplan für eine experimentelle Studie mit Zeitreihencharakter			
	Zeitpunkt		
	$t_{00} t_{01} t_{02} \ldots t_{0n}$	t_{int}	$t_{10} t_{11} t_{12} \ldots t_{1m}$
Experimental-gruppe	Pretests	Experimentelle Einflussnahme/ Intervention	Posttests
Kontrollgruppe	Pretests	–	Posttests

Es sei noch auf Fallstudien mit explorativem Charakter hingewiesen, die in der Regel vor der eigentlichen Hauptstudie durchgeführt werden, um bspw. eine Hypothesenbildung zu generieren.

Bevor die eigentliche statistische Auswertung der Daten durchgeführt werden kann, müssen diese (hier insbesondere quantitative Daten) aufbereitet werden. Dazu gehören nach Häder (2010):

— Kodierung und Datenübertragung
— Fehlerkontrolle und -bereinigung
— Behandlung fehlender Werte, wobei die Vorgaben des entsprechenden Statistik-Programms zu beachten sind
— Umformung von Variablen, Erstellung von Tabellen, mit denen die statistischen Verfahren durchgeführt werden können (z. B. mit SPSS)
— Gegebenenfalls Umkodierung der Variablen nach den statistischen Berechnungen

10.7 Aufgaben zur Vertiefung

■ **Aufgabe 1: Anwendung der Bland-Altman-Methode**

Vergleichen Sie zwei Methoden des Zeitnehmens mit Hilfe des Bland-Altmann-Diagramms miteinander. Dabei soll die Zeit des Überwindens einer Strecke von 5 m manuell gestoppt (Methode 1) und mit einer Lichtschranke (Methode 2) bestimmt werden.

— Messen Sie eine Strecke von 5 m aus. Lassen Sie ca. 10 Studierende diese Strecke gehen bzw. laufen, insgesamt mit drei unterschiedlichen Geschwindigkeiten.
— Bestimmen Sie gleichzeitig die Zeiten mit den beiden Methoden und protokollieren Sie.
— Tragen Sie die Werte in eine Tabelle ein. Berechnen Sie die Differenzen und Mittelwerte für jedes Wertepaar.

- Erstellen Sie ein Diagramm nach Vorgabe der ◘ Abb. 10.3. Tragen Sie die Linien für Mittelwert und Mittelwert der Differenz plus/minus 1,96 · Standardabweichung der Differenz ein.
- Wie ist die Methode 1 des manuellen Zeitstoppens im Vergleich zur Lichtschrankenmessung (Methode 2) einzuschätzen? Berücksichtigen Sie die Schwankungsbreite und ob die Methode 1 prinzipiell kleinere oder größere Werte misst als die Methode 2.

■ **Aufgabe 2: Nachweis eines Gewöhnungs- bzw. Lern-effektes (Ergänzung zur Belegaufgabe 1 (Kap. 7/Band 1)**

Weisen Sie nach, ob beim Fallstabtest ein Gewöhnungs- bzw. Lerneffekt auftritt!

- Führen Sie die Untersuchung mit mindestens 10 Personen durch. Jeder Test sollte dreimal wiederholt werden. Verwenden Sie fünf Messzeitpunkte, die mindestens 5–10 min auseinanderliegen.
- Verwenden Sie für jeden Probanden zu jedem Messzeitpunkt nur den Mittelwert aus den drei Wiederholungen.
- Nutzen Sie ein varianzanalytisches Verfahren mit Messwiederholung, um zu prüfen, ob sich die Ergebnisse signifikant zwischen den Zeitpunkten unterscheiden.
- Können Sie einen Gewöhnungs- bzw. Lerneffekt nachweisen?

■ **Aufgabe 3: Evaluierung eines Tests mit Hilfe der Haupt-gütekriterien**

Clinical Test of Sensory Interaction and Balance – CTSIB (Bös 2001, S. 264 ff.)

- Für diesen Test wurden keine Hauptgütekriterien geprüft.
- Von den Autoren werden verschiedene Möglichkeiten zur Messwertaufnahme vorgeschlagen: subjektive Bewertung, Zeitmessung für die einzelnen Items und Erfassung der Körperschwankung
- Führen Sie die Untersuchung mit mindestens zwei dieser Möglichkeiten der Messwertaufnahme durch. Vergleichen Sie die Ergebnisse (bspw. mit einem Bland-Altman-Diagramm) und diskutieren Sie die drei Aspekte der Objektivität.
- Führen Sie eine der Testalternativen mit zwei Versuchsleitern durch. Bestimmen Sie den Objektivitätskoeffizienten.
- Wiederholen Sie den Test mit den beiden Varianten und berechnen Sie die Reliabilität (Cronbach's Alpha, ICC und Interrater-Koeffizient).
- Überprüfen Sie die Validität, indem Sie dieses Verfahren mit einem anderen (evaluierten) Gleichgewichtstest vergleichen. Hierfür empfehlen wir den GGT nach Wydra und Bös, die Stabilometrie (beides bei Bös 2001) oder einen anderen

apparativen Gleichgewichtstest (entsprechend der Laborausrüstung an Ihrer Einrichtung).

— Schätzen Sie kritisch ein, inwiefern der CTSIB die Testhauptgütekriterien erfüllt.

Literatur

Bös, K. (Hrsg.). (2001). *Handbuch Motorische Tests.* Göttingen: Hogrefe.

Clarke, H. H. (1976). *Application of measurement to health and physical education.* New York: Prentice-Hall. Zitiert in: (Bös, K. (Hrsg.). (2001). *Handbuch Motorische Tests* (S. 546). Göttingen: Hogrefe).

Eid, M., & Schmidt, K. (2014). *Testtheorie und Testkonstruktion. Bachelorstudium Psychologie.* Göttingen u. a.: Hogrefe.

Häder, M. (2010). *Empirische Sozialforschung.* Wiesbaden: VS Verlag.

Leonhart, R. (2008). *Psychologische Methodenlehre.* Stuttgart: UTB basics, Reinhardt-Verlag.

Leonhart, R. (2010). *Datenanalyse mit SPSS.* Göttingen u. a.: Hogrefe.

Moosbrugger, H., & Kelava, A. (Hrsg.). (2012). *Testtheorie und Fragebogenkonstruktion* (2., aktualisierte und überarbeitete Aufl.). Berlin: Springer.

Porst, R. (2011). *Fragebogen – Ein Arbeitsbuch.* Wiesbaden: VS Verlag & Springer Fachmedien.

Roth, K. (1977). Sportmotorische Tests. In K. Willimczik (Hrsg.), *Grundkurs Datenerhebung 1* (S. 95–148). Limpert: Bad Homburg.

10

Zeitreihenanalyse

11.1   Einleitung – 160

11.2   Beschreibung von Zeitreihen – 161
11.2.1   Methoden der Trendermittlung – 164
11.2.2   Periodische Schwankungen und ihre Analyse – 166

11.3   Stochastische Prozesse – 169
11.3.1   Grundlegende stationäre Zeitreihenmodelle – 169
11.3.2   Spektren stationärer Prozesse – 171
11.3.3   Statistische Analyse im Zeitbereich – 171

11.4   Anwendungen auf bewegungswissenschaftliche Problemstellungen – 172

11.5   Aufgaben zur Vertiefung – 174

Literatur – 176

© Springer-Verlag GmbH Deutschland, ein Teil von Springer Nature 2019
K. Witte, *Angewandte Statistik in der Bewegungswissenschaft (Band 3)*,
https://doi.org/10.1007/978-3-662-58360-9_11

Viele biomechanische, physiologische und andere Daten
liegen uns in ihrem zeitlichen Verlauf vor. Wie kann man diese
zeitlichen Verläufe charakterisieren und analysieren? Die
Zeitreihenanalyse bietet viele Methoden an, um wesentliche
Informationen aus den oft „verrauschten" Zeitreihen zu
erhalten. Auch helfen hierbei Zeitreihenmodelle, um
bewegungswissenschaftliche Hypothesen zu testen. Beispiele
für Anwendungen zeigen uns den vielfältigen Einsatz der
Zeitreihenanalyse für sportmotorische Fragestellungen.

11.1 Einleitung

Oft ist es nicht ausreichend, nur einzelne Werte eines Merkmals
zu betrachten, sondern es muss deren Verhalten im Zeitverlauf
untersucht werden. Beispielsweise verwenden wir in der Bio-
mechanik zur Beschreibung von Bewegungen oft Zeitverläufe
von kinematischen oder dynamischen Größen. Dabei handelt
es sich jeweils um eine Zeitreihe, die als zeitlich geordnete Folge
von Merkmalswerten definiert werden kann (Bourier 2013).
Zeitreihen und deren Anwendungen finden wir aber auch in vielen anderen Bereichen der Bewegungswissenschaft: elektromyografische Signale, Elektroenzephalographie (EEG-Diagnostik),
physiologische und psychophysische Parameter während einer
Belastung, sportliche Leistung in Abhängigkeit von Trainings-
interventionen sowie der Bereich der Herzfrequenzvariabilität.

Die Zeitreihenanalyse beschäftigt sich mit der inferenz-
statistischen Analyse von Zeitreihen und der Vorhersage ihrer
zukünftigen Entwicklung (Trends). Sie wird auch als Spezial-
form der Regressionsanalyse aufgefasst. Es wird dabei davon
ausgegangen, dass die Daten zeitlich geordnet, aber in äquidis-
tanten (zeitlich konstanten) oder in unregelmäßigen Abständen
vorliegen. Bei Betrachtung einer einzelnen Variablen spricht
man von einer univariaten Zeitreihe, werden mehrere Variablen
in die Analyse einbezogen, handelt es sich um eine multivariate
Zeitreihe.

Damit ergeben sich folgende Ziele der Zeitreihenanalyse:
- Kurze prägnante Charakteristik einer Zeitreihe
- Erkennen von Strukturen und Gesetzmäßigkeiten
- Vorhersage zukünftiger Zeitreihenwerte auf der Grundlage
  der vorliegenden Daten
- Identifikation von Veränderungen
- Eliminierung von Schwankungen zur Schätzung von
  einfachen deskriptiven Parametern (z. B. Mittelwert)

11.2 Beschreibung von Zeitreihen

Beispielhaft sind vier Zeitreihen in ◻ Abb. 11.1 dargestellt. Offensichtlich unterscheiden sie sich stark voneinander. Wie können sie beschrieben werden?

Zunächst können Zeitreihen mit statistischen Kenngrößen charakterisiert werden. Dies ist aber nur sinnvoll, wenn sogenannte stationäre Zeitreihen vorliegen (Schlittgen und Streitberg 2001). Auf den Begriff der stationären Zeitreihe wollen wir noch später eingehen. Anfangs soll es reichen, wenn wir einen konstanten Erwartungswert annehmen, wie bspw. für die Zeitreihe der Variable 3 in ◻ Abb. 11.1. Damit sollten auch die statistischen Kennziffern von einzelnen Teilen der Zeitreihe nicht zu sehr voneinander abweichen. Diesbezügliche statistische Kennziffern sind, wie wir sie schon aus der deskriptiven Statistik kennen: Mittelwert, Varianz und Standardabweichung.

Eine häufig interessierende Frage besteht in der Abhängigkeit zwischen zwei verschiedenen Zeitpunkten (Schlittgen und Streitberg 2001). Für die Ableitung geht man von einem linearen Zusammenhang und von den Berechnungsvorschriften der Kovarianz und des Korrelationskoeffizienten aus. Betrachten wir nun die direkt aufeinander folgenden Beobachtungen, so können aus N Beobachtungen $N - 1$ Beobachtungspaare gebildet werden:

$$(x_1, x_2), (x_2, x_3), \ldots, (x_{N-1}, x_N)$$

Daraus lässt sich die Kovarianz (vgl. auch ▶ Gl. 7.9) berechnen:

$$c = \frac{1}{N - 1} \cdot \sum_{t=1}^{N-1} \left(x_t - \bar{x}_{(1)} \right) \left(x_{t+1} - \bar{x}_{(2)} \right), \qquad \text{(11.1)}$$

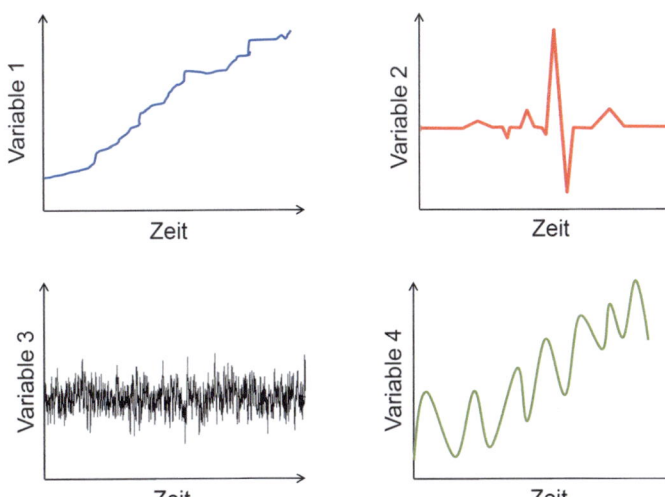

◻ **Abb. 11.1** Beispiele für Zeitreihen

wobei $\bar{x}_{(1)}$ und $\bar{x}_{(2)}$ die arithmetischen Mittelwerte der jeweils ersten und der zweiten Komponente der Wertepaare sind.

Für Beobachtungspaare mit einem allgemeinen Zeitabstand τ voneinander ergibt sich die Kovarianz zu:

$$c_\tau = \frac{1}{N} \cdot \sum_{t=1}^{N-\tau} (x_t - \bar{x})(x_{t+\tau} - \bar{x}) \tag{11.2}$$

Sie ist eine Funktion des Zeitabstandes τ (Lag) im Bereich von $-(N-1), \ldots, -1, 0, 1, \ldots, (N-1)$. Die Autokorrelationsfunktion (r_τ) ist definiert zu:

$$r_\tau = \frac{c_\tau}{c_0}, \tag{11.3}$$

wobei c_0 als Varianz der Zeitreihe zu betrachten ist. Die zugehörige grafische Darstellung nennt man Korrelogramm, das wesentliche Informationen über die zeitlichen Abhängigkeiten innerhalb der Zeitreihe enthält. Im Unterschied zu den Begriffen Kovarianz und Korrelation wird mit „Auto" kenntlich gemacht, dass man sich auf dieselbe Zeitreihe bezieht. In der ◘ Abb. 11.2 ist als Beispiel einer Zeitreihe der Zeitverlauf der vertikalen Verlagerung des Hüftpunktes während mehrerer Gangschritte gegeben.

11

a

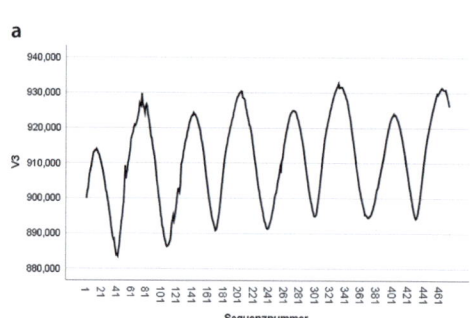

b

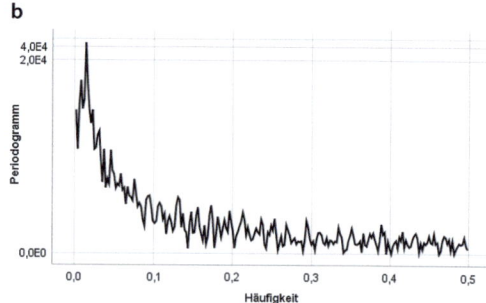

c

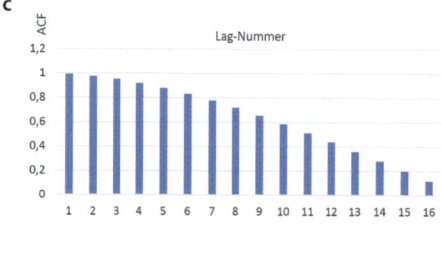

d

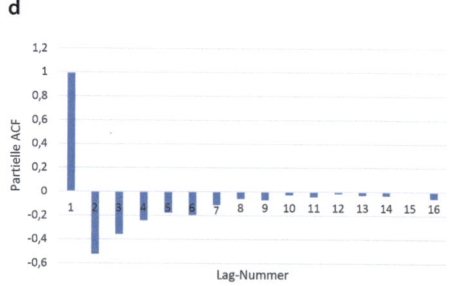

◘ **Abb. 11.2** Beispiel für eine Zeitreihe: **a** Zeitlicher Verlauf der vertikalen Position der Hüfte beim Gehen, **b** Periodogramm, **c** Autokorrelationsfunktion in Abhängigkeit vom Lag (Korrelogramm), **d** Partielle Autokorrelationsfunktion (analog zur partiellen Korrelation geht in diese Berechnung das Verhalten der Datenpunkte zwischen den jeweils betrachteten Datenpunkten nicht mit ein)

Zeitreihen entstehen durch regelmäßige und zufällige Einflussfaktoren. Daraus ergeben sich generell drei Komponenten: Trend, periodische Schwankungen und eine Restkomponente (Bourier 2013; Fahrmeir et al. 2016).

- ◼ **Trend (T)**

Unter einem Trend versteht man die langfristige Entwicklung einer Zeitreihe (◧ Abb. 11.3). Als Ursachen für den Trend werden dauerhaft wirksame Einflüsse gesehen, die sich verhältnismäßig sehr langsam verändern. Trendlinien sind glatte Kurvenverläufe bzw. Geraden bei linearen Trends.

- ◼ **Periodische Schwankungen (SN)**

Periodische (oder auch zyklische) Schwankungen sind regelmäßig wiederkehrende Schwankungen um den Trend (◧ Abb. 11.3), die sich auch in größeren Zeitabständen (Saisons) wiederholen. Sie lassen sich charakterisieren durch Phasendauer, Anzahl und Abweichung vom Trend.

- ◼ **Restkomponente (R)**

Die dritte Komponente einer Zeitreihe ist die Restkomponente, die einmalig oder unregelmäßig mehrmalig auftreten kann (◧ Abb. 11.3). Sie wird auch oft als Rauschen bezeichnet.

Aus diesen Komponenten lässt sich die Zeitreihe y_i formal folgendermaßen angeben:

$$y_i = f(T_i, SN_i, R_i), \ (i = 1, \ldots, n) \tag{11.4}$$

Generell können die Komponenten auf zweierlei Art miteinander verknüpft sein: additiv und multiplikativ. Wirken die

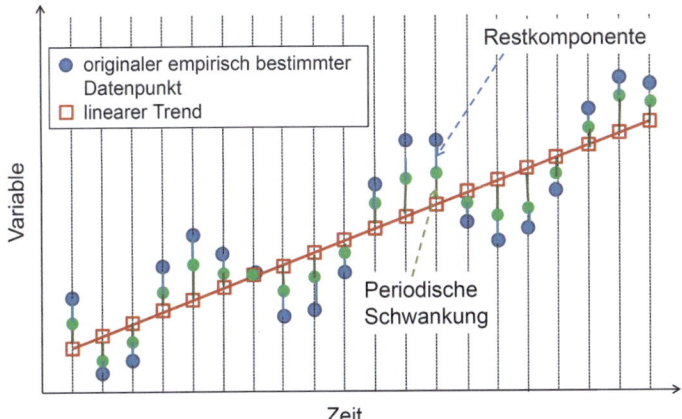

◧ **Abb. 11.3** Eingezeichneter linearer Trend, periodische Schwankung und Restkomponente bei einer (hier sehr kurzen) Zeitreihe

Komponenten unabhängig voneinander auf die Zeitreihe, so addieren sich deren Einflüsse auf die Zeitreihe:

$$y_i = T_i + SN_i + R_i, \ (i = 1, \ldots, n) \tag{11.5}$$

Wirken die Komponenten jedoch abhängig voneinander auf die Zeitreihe, so entsteht durch ihr gegenseitiges Zusammenwirken eine Verstärkung oder Abschwächung des Zeitreihenwertes. Die Komponenten werden multiplikativ miteinander verknüpft:

$$y_i = T_i \ \cdot \ SN_i \ \cdot \ R_i, \ (i = 1, \ldots, n) \tag{11.6}$$

11.2.1 Methoden der Trendermittlung

Wenden wir uns nun den Methoden der Trendermittlung zu. Ziel ist es, die periodischen Schwankungen und Restkomponenten so zu eliminieren, dass die längerfristige Entwicklung der Zeitreihe prognostiziert werden kann. Dabei wollen wir auf die sehr häufig verwendeten Verfahren eingehen: Methode des gleitenden Durchschnitts und Methode der kleinsten Quadrate, die nachfolgend in Anlehnung an Bourier (2013) und Fahrmeir et al. (2016) erklärt werden sollen.

■ **Methode des gleitenden Durchschnitts**
Diese Methode gehört zu den Glättungsverfahren. Sie eliminiert die Schwankungen mit Hilfe einer Durchschnittsbildung, indem sowohl relativ hohe und als auch relativ niedrige Werte auf ein mittleres Niveau gebracht werden. Die Grundidee besteht darin, in definierten kleinen Zeitfenstern einen Mittelwert zu bilden. Dies erfolgt gleitend vom Anfang bis zum Ende der Zeitreihe. Die ◘ Abb. 11.4 zeigt dies an einem Beispiel.

Entsprechend der Anzahl (k) der für die Berechnung des Durchschnitts verwendeten Daten, spricht man vom gleitenden Durchschnitt k-ter Ordnung. Dabei wird der Grad der Eliminierung der Schwankungen mit zunehmendem k größer, aber auch die Trendlinie wird kürzer (Bourier 2013). Wird k zu groß gewählt, können auch wichtige Informationen der Zeitreihe verloren gehen (vergleiche ◘ Abb. 11.5).

■ **Methode der kleinsten Quadrate**
Bei dieser Methode werden die Schwankungen eliminiert, indem eine Funktion bestimmt wird, die glatt bzw. frei von Schwankungen wie eine „Mittellinie" durch die Datenpunkte der originalen Zeitreihe verläuft und den Trend widerspiegelt. Die Fitting-Methode wird in drei Schritten durchgeführt:
– Erkennen des Trendverlaufs im Diagramm
– Festlegung des mathematischen Funktionstyps (z. B. lineare Funktion, quadratische Funktion, Exponentialfunktion)

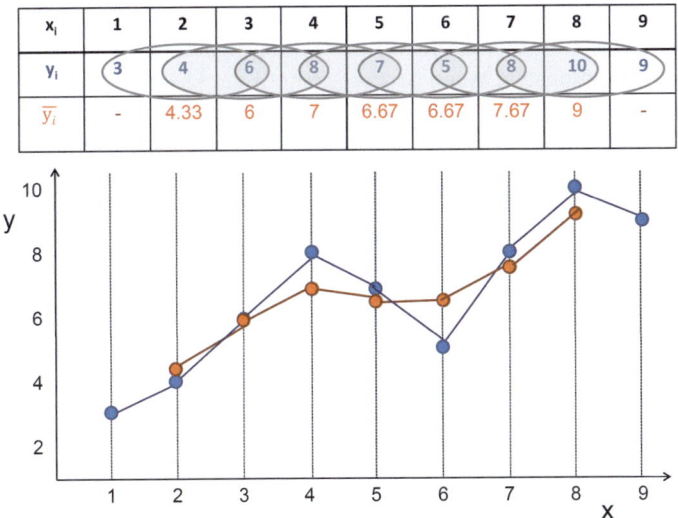

x_i	1	2	3	4	5	6	7	8	9
y_i	3	4	6	8	7	5	8	10	9
$\overline{y}_i$	-	4.33	6	7	6.67	6.67	7.67	9	-

▫ **Abb. 11.4** Darstellung der Methode des gleitenden Durchschnitts dritter Ordnung an einem konstruierten Beispiel

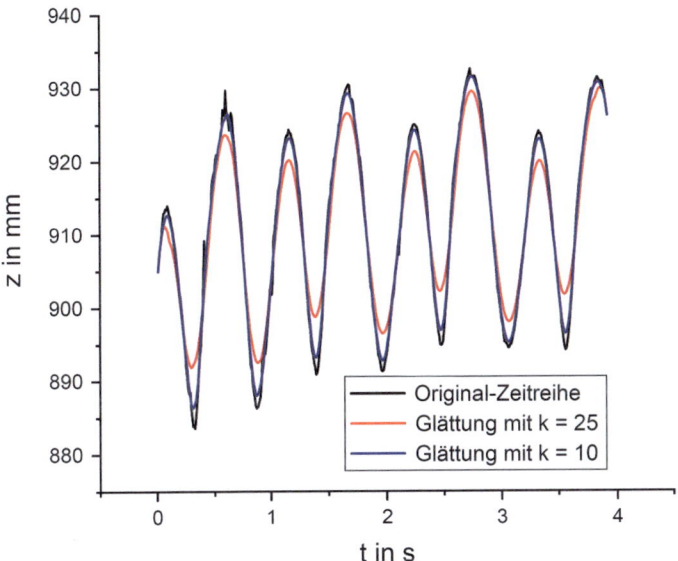

▫ **Abb. 11.5** Darstellung der Original-Zeitreihe aus ▫ Abb. 11.2 mit den Glättungen $k = 10$ und $k = 25$

— Numerische Bestimmung der für den ermittelten Funktionstyp charakteristischen Parameter. Dabei sollte die Streuung zwischen dem empirischen Datenwert und dem zugehörigen Trendwert minimal sein. Dies wird durch Minimalisierung der Summe aller quadratischen Abweichungen realisiert. Dieses Verfahren (▶ Gl. 7.2) haben wir bereits bei der Regressionsanalyse (▶ Abschn. 7.2) kennengelernt.

Vergleicht man beide Methoden miteinander, ist Folgendes hinsichtlich einzelner Gesichtspunkte festzustellen (Bourier 2013):

- Funktionstyp: Wenn bei der Methode der kleinsten Quadrate ein Funktionstyp nicht ausreicht, muss die Gesamtzeitreihe in einzelne Teile zerlegt werden, welche dann entsprechend zu analysieren sind.
- Grad der Glättung: Die Methode der kleinsten Quadrate führt in der Regel zu einer besseren Eliminierung der Schwankungen.
- Stabilität und Fortschreibung der Trendlinie: Um den Trend zu ermitteln, wird beim gleitenden Durchschnitt die letzte Linie im Allgemeinen fortgeführt. Bei der Methode der kleinsten Quadrate kann es zur Veränderung der gesamten Trendlinie kommen. Hier ist für die Prognoseerstellung Vorsicht geboten.

Wenn keine Vorstellungen für einen funktionalen Zusammenhang vorliegen, werden oft glättende Splines eingesetzt. Hierfür wird ein sogenanntes Glattheitsmaß (Schlittgen und Streitberg 2001) definiert:

$$\int \left[\frac{\partial^2}{\partial t^2} g(t) \right]^2 dt,$$

das minimal sein soll. Dabei gibt $g(t)$ den Verlauf der Zeitreihe wieder, wobei gleichzeitig gelten muss:

$$\sum_{t=1}^{N} \left[x_t - g(t) \right]^2 \Rightarrow \text{Min.} \tag{11.7}$$

Da dies aber einen Widerspruch zur Definition des Glattheitsmaßes darstellt, wird mit folgender Nebenbedingung gearbeitet:

$$\sum_{t=1}^{N} \left[x_t - g(t) \right]^2 \leq S, \tag{11.8}$$

wobei S eine vorgegebene Konstante mit $S \geq 0$ ist.

Es sind aber noch weitere Glättungsverfahren bekannt, die bspw. in Filterfunktionen entsprechender Softwaretools implementiert sind (Fahrmeir et al. 2016).

11.2.2 Periodische Schwankungen und ihre Analyse

Nach der Trendermittlung sollen nun auch die Schwankungen um den Trend herum näher analysiert werden, die einerseits durch die periodischen Schwankungen und andererseits durch die Restkomponente verursacht werden.

Tab. 11.1 Ermittlung von Schwankungen von Zeitreihen bei additiven und multiplikativen Verknüpfungen der Schwankungskomponenten. (Nach Bourier 2013). $\hat{y}_i$ – der zu y_i gehörige Trendwert. Weitere Abkürzungen siehe Text (▶ Abschn. 11.2)

	Additive Verknüpfung	Multiplikative Verknüpfung
Additive/multiplikative Schwankungskomponente S	$S_i^a = y_i - \hat{y}_i$	$S_i^m = \frac{y_i}{\hat{y}_i}$
	Kann auch für einzelne Zeitintervalle bestimmt werden	
Periodische Schwankung (Saisonnormale) **SN**	SN_i^a	SN_i^m
	Arithmetische Mittel aus allen Schwankungskomponenten der einzelnen Teilzeitabschnitte	
Restkomponente **R**	$R_i = y_i - \hat{y}_i - SN_i^a$ Differenz aus Schwankungskomponente und periodischer Schwankung: $R_i = S_i^a - SN_i^a$	$R_i = y_i - \hat{y}_i - SN_i^m$ Relativer Einfluss der Restkomponente: $R_i = \frac{S_i^m}{SN_i^m}$

Entsprechend der vorliegenden additiven oder multiplikativen Verknüpfung der Komponenten werden diese Schwankungskomponenten folgendermaßen (s. ◻ Tab. 11.1) berechnet.

Nachfolgend soll nun auf die Analyse periodischer (zyklischer) Schwankungen in Anlehnung an Schlittgen und Streitberg (2001) eingegangen werden.

Zeitreihen mit periodischen Schwankungen kann man sich als eine Zusammensetzung mehrerer periodischer Funktionen vorstellen. Eine Funktion $f(t)$ wird als periodisch (mit der Periode $P \neq 0$) bezeichnet, wenn gilt:

$$f(t + P) = f(t) \text{ bzw. } f(t \pm k \cdot P) = f(t) \tag{11.9}$$

mit k ganzzahlig und P als Grundperiode.

Der Kehrwert der Periode ist die Frequenz λ:

$$\lambda = \frac{1}{P} \tag{11.10}$$

Beispiele für periodische Funktionen sind die trigonometrischen Funktionen.

In einem Periodogramm lassen sich nun die Intensitäten der Zeitreihe in Bezug auf eine Frequenz darstellen. Es gibt uns Auskunft, welche periodischen Anteile in Bezug auf konkrete Frequenzen in der Zeitreihe enthalten sind. Grundschwingungen haben dabei die Frequenz λ und die Oberschwingungen sind Vielfaches von λ: 2λ, 3λ,…, $m\lambda$, …

Doch was steckt mathematisch dahinter? Der Mathematiker Fourier stellte fest, dass alle periodischen Funktionen sich in Sinus- und Cosinus-Anteile mit unterschiedlichen Frequenzen zerlegen lassen. Die Euler'sche Formel besagt:

$$e^{i2\pi\lambda t} = \cos 2\pi\lambda t + i \cdot \sin 2\pi\lambda t \tag{11.11}$$

Auf dieser Basis wird das Periodogramm in zwei wesentliche Bestandteile (Real- und Imaginärteil eines komplexen Ausdrucks) $C(\lambda)$ und $S(\lambda)$ aufgefasst:

$$C(\lambda) = \frac{1}{N} \sum\nolimits_{t=1}^{N} (x_t - \bar{x}) \cdot \cos 2\pi\lambda t \text{ und} \tag{11.12}$$

$$S(\lambda) = \frac{1}{N} \sum\nolimits_{t=1}^{N} (x_t - \bar{x}) \cdot \sin 2\pi\lambda t. \tag{11.13}$$

Gehen wir davon aus, dass unsere periodische Zeitreihe eine absolut summierbare Folge (x_t) ist, wird die Fouriertransformierte berechnet zu:

$$F(\lambda) = \sum\nolimits_{t=-\infty}^{+\infty} x_t \cdot e^{i2\pi\lambda t} \tag{11.14}$$

Der Übergang von (x_t) zu $F(\lambda)$ wird als Fouriertransformation bezeichnet. In vielen Softwaretools ist die sogenannte schnelle Fouriertransformation (FFT) implementiert, die einen schnellen Algorithmus der Fouriertransformation bedeutet. Das zugehörige Spektrum beschreibt nun, mit welcher Wichtung die einzelnen Sinus- bzw. Kosinusfunktionen in die Gesamtzeitreihe eingehen.

Die ◻ Abb. 11.6 zeigt an unserem Beispiel der vertikalen Ortsveränderung der Hüfte beim Gehen das erzeugte Spektrum. Das deutliche Maximum bei einer sehr kleinen Frequenz (<1 Hz) ist als Gangfrequenz zu interpretieren, alle anderen Peaks dieses Spektrums resultieren aus systematischen und unsystematischen Erfassungsfehlern.

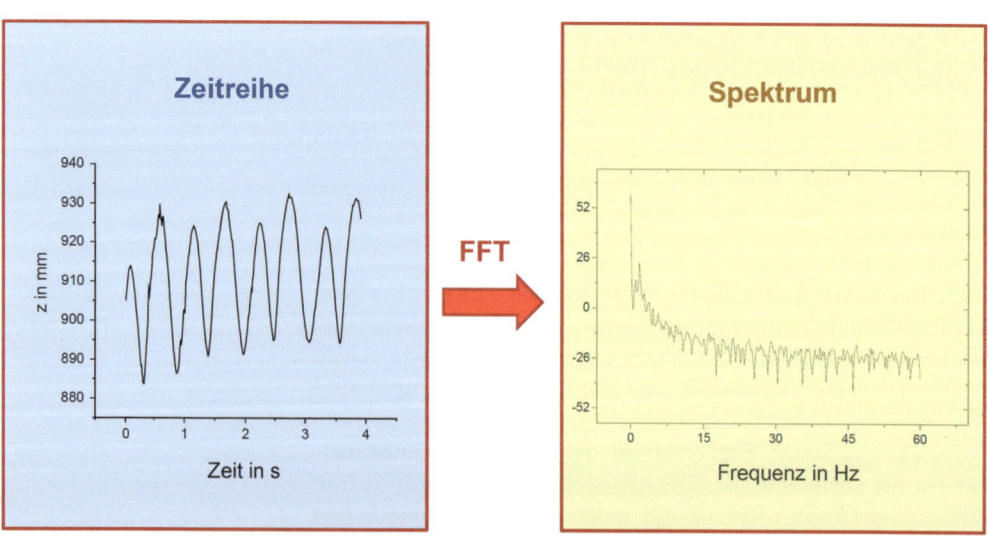

◻ **Abb. 11.6**   Zeitreihe der vertikalen Ortsveränderung der Hüfte und das durch FFT erzeugte Spektrum

11.3 Stochastische Prozesse

Unseren empirisch bestimmten Zeitreihen liegen stochastische Prozesse zugrunde. Wie wir es in den vorangegangenen Kapiteln gelernt haben, müssen für diese Prozesse Modelle gefunden werden, die die Erzeugung der betrachteten Zeitreihe plausibel machen und die im Weiteren zu überprüfen sind. Ein stochastischer Prozess ist allgemein eine Folge von Zufallsvariablen, wobei jedem Zeitpunkt eine Zufallsvariable X_t zugeordnet wird. Damit kann man eine Zeitreihe auch als endliche Realisierung von stochastischen Prozessen auffassen. So können auch stochastische Methoden verwendet werden, um Aussagen über zeitabhängige zufällige Merkmale zu treffen. Wichtig ist immer zu berücksichtigen, dass in den meisten Fällen einer Zeitreihe nur ein Ausschnitt vorliegt. (Schlittgen und Streitberg 2001).

Eine besondere Stellung nehmen stationäre Prozesse bzw. stationäre Zeitreihen ein (Schlittgen und Streitberg 2001; Schlittgen 2012; Kreiß und Neuhaus 2006). Stationäre Zeitreihen betreffen auch nur eine einzige Realisierung eines stochastischen Prozesses, wobei wiederum nur ein Ausschnitt $x_1, \ldots, x_N$ der Länge N betrachtet wird.

Ein stochastischer Prozess (X_t) heißt

- mittelwertstationär, wenn μ_t konstant ist: $\mu_t =: \mu$ für alle $t \in T$,
- varianzstationär, wenn σ_t^2 konstant ist: $\sigma_t^2 =: \sigma^2$ für alle $t \in T$,
- kovarianzstationär, wenn die Kovarianzfunktion $\gamma(s, t)$ des Prozesses nur von der Entfernung $s - t$ abhängig ist: $\gamma(s, t) =: \gamma(s - t)$ für alle $s, t \in T$, d. h., die Kovarianz ist nicht von den beiden Zeitpunkten s und t abhängig, sondern nur von deren Abstand (Entfernung),
- schwach stationär, wenn er mittelwert- und kovarianzstationär ist. (Schlittgen und Streitberg 2001).

11.3.1 Grundlegende stationäre Zeitreihenmodelle

Nachfolgend wollen wir kurz einige stationäre Zeitreihenmodelle erläutern, die für die eine oder andere Fragestellung in der Bewegungswissenschaft von Relevanz sind (Schlittgen und Streitberg 2001; Schlittgen 2012; Kreiß und Neuhaus 2006).

White-Noise-Prozess

Beim White-Noise-Prozess (weißes Rauschen) handelt es sich um einen reinen Zufallsprozess. Eine Zeitreihe wird als weißes Rauschen bezeichnet, wenn alle Zufallsvariablen den

Erwartungswert null sowie dieselbe Varianz besitzen und die Kovarianz zwischen zwei verschiedenen Zeitpunkten null ist. Das bedeutet, dass diese Zeitreihe zu einem bestimmten Zeitpunkt unkorreliert zu allen anderen Zeitpunkten ist. Das weiße Rauschen hat weiterhin eine konstante Spektraldichte.

Da der White-Noise-Prozess den einfachsten stochastischen Prozess darstellt, werden aus ihm eine Reihe weiterer Prozesse bzw. Modelle entwickelt. Aus dem weißen Rauschen lassen sich drei wichtige Klassen linearer Zeitreihenmodelle ableiten: Moving-Average-Prozesse (MA), autoregressive Prozesse (AR) und ARMA Prozesse als deren Zusammensetzung. Nochmals sei betont, dass für all diese Modelle Stationarität vorausgesetzt wird.

- **Moving-Average-Prozesse (MA-Modelle)**

Ein stochastischer Prozess (X_t) heißt Moving-Average-Prozess der Ordnung q (MA[q]-Prozess), wenn er sich in der folgenden Form darstellen lässt:

$$X_t = \varepsilon_t - \beta_1 \cdot \varepsilon_{t-1} - \cdots - \beta_q \cdot \varepsilon_{t-q}, \tag{11.15}$$

mit (ε_t) als einem White-Noise-Prozess (weißes Rauschen) und β_1 bis β_q als komplexe Konstanten.

- **Autoregressive Prozesse (AR-Modelle)**

Ein stochastischer Prozess (X_t) heißt autoregressiver Prozess der Ordnung p (AR[p]-Prozess), wenn er der folgenden Beziehung genügt:

$$X_t = \alpha_1 X_{t-1} + \cdots + \alpha_p X_{t-p} + \varepsilon_t, \tag{11.16}$$

mit (ε_t) als einem White-Noise-Prozess und α_1 bis α_p als komplexe Konstanten. Erkennbar an dieser Gleichung ist, dass ein Wert der Reihe von den vorangegangenen Werten abhängt. Zusätzlich wirkt als „Störung" das weiße Rauschen ε_t.

- **Autoregressive-Moving-Average-Prozesse (ARMA-Modelle)**

Ein stochastischer Prozess (X_t) heißt Autoregressiver-Moving-Average-Prozess der Ordnung $[p,q]$ (ARMA[p,q]-Prozess), wenn folgende Beziehung gilt:

$$X_t = \alpha_1 X_{t-1} + \cdots + \alpha_p X_{t-p} + \varepsilon_t - \beta_1 \cdot \varepsilon_{t-1} - \cdots$$
$$- \beta_q \cdot \varepsilon_{t-q} \tag{11.17}$$

ARMA-Prozesse sind eine sehr flexible und weit verbreitete Klasse von Modellen für stationäre Zeitreihen. Dies ergibt sich unter anderem daraus, dass man sie so konstruieren kann, dass ihre Spektraldichte jede vorgegebene stetige Spektraldichte beliebig gut approximiert.

Die auch oft in der Forschung zu findenden ARIMA-Prozesse (ARIMA [p,d,q] mit d als die Anzahl der nichtperiodischen Schwankungen) sind eine Erweiterung der ARMA-Prozesse für nichtstationäre Zeitreihen.

Verfahren der Parameterschätzung werden bspw. von Kreiß und Neuhaus (2006) beschrieben.

11.3.2 Spektren stationärer Prozesse

Um Zeitreihen im Frequenzbereich zu analysieren, werden im Allgemeinen Spektren verwendet. Für die Analyse einer empirisch ermittelten Zeitreihe im Frequenzbereich gibt es zwei Möglichkeiten (Schlittgen und Streitberg 2001):

- Periodogramm: Fouriertransformation der Autokorrelationsfunktion
- Fouriertransformation der Reihe selbst

Der Umkehrsatz der Fouriertransformation belegt, dass sich die gegebene Zeitreihe als Überlagerung harmonischer Schwingungen verschiedener Frequenzen darstellen lässt.

Es sei (X_t) ein schwach stationärer Prozess mit der absolut summierbaren Kovarianzfunktion (γ_τ). Als Spektraldichtefunktion (kurz: Spektrum) von (X_t) wird die Fouriertransformierte der Kovarianzfunktion bezeichnet:

$$
\begin{aligned}
f(\lambda) :&= \sum_{\tau=-\infty}^{\infty} \gamma_\tau \cdot e^{\,i2\pi\lambda\tau} \\
&= \gamma_0 + \sum_{\tau=1}^{\infty} \gamma_\tau \cdot \cos 2\pi\lambda\tau
\end{aligned}
\tag{11.18}
$$

In der Literatur ist es üblich, den Begriff der Spektraldichtefunktion nur für die Fouriertransformierte der Korrelationsfunktion zu verwenden, für $f(\lambda)$ wird der Begriff Powerspektrum oder auch Varianzspektrum benutzt.

11.3.3 Statistische Analyse im Zeitbereich

Viele empirische Zeitreihen können in guter Näherung durch lineare Modelle beschrieben werden (▶ Abschn. 11.3.1). Dabei erfolgt die Anpassung bspw. eines ARIMA-Modells [p,d,q] an die vorgegebene Zeitreihe in folgenden vier Schritten (Schlittgen und Streitberg 2001):

- Modellspezifikation: Bestimmung der Ordnungen p, d, q
- Modellschätzung: Schätzung der Parameter des Prozesses bei vorgegebener Modellordnung
- Modelldiagnose: Überprüfung der Gültigkeit des angepassten Modells

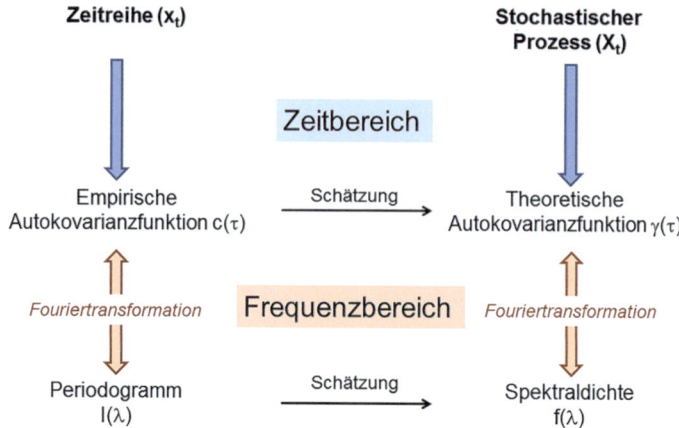

◘ Abb. 11.7   Übersicht über mögliche Beschreibungen von Zeitreihen und stochastischen Prozessen im Zeit- und Frequenzbereich (mod. nach Schlittgen und Streitberg 2001)

— Modellinterpretation: Deutung des Modells auf der Grundlage wissenschaftlicher Kenntnisse

Im Anschluss kann das gefundene Modell in der Praxis angewendet werden.

Abschließend soll noch auf die grundlegende Beziehung zwischen empirischen Größen (Zeitreihe, empirische Kovarianz, Periodogramm) und theoretischen Größen (stochastischer Prozess, Kovarianzfunktion, Spektraldichte) eingegangen werden (Schlittgen und Streitberg 2001):

— Ein Periodogramm $I(\lambda)$ ist die Fouriertransformierte der empirischen Kovarianzfunktion $c(\tau)$.

— Die Spektraldichte $f(\lambda)$ ist die Fouriertransformierte der theoretischen Kovarianzfunktion $\gamma(\lambda)$.

Die ◘ Abb. 11.7 gibt eine Übersicht über die Beschreibung von Zeitreihen und stochastischen Prozessen im Zeit- und Frequenzbereich.

11.4 Anwendungen auf bewegungswissenschaftliche Problemstellungen

Zeitreihenanalysen werden bspw. zur Diagnostik von Veränderungen in der motorischen Entwicklung genutzt. Häufig wird das ARIMA-Modell verwendet, in dem drei verschiedene Quellen der Veränderung voneinander getrennt werden:

autoregressive Veränderungen, zyklische Veränderungen und zeitlich überdauernde Entwicklungstrends (Conzelmann et al. 2009).

Am Beispiel musiktherapeutischer Interventionen bei Demenzpatienten zeigt Schall (2012) die Vorteile von prozessorientierten Methoden, wie der Zeitreihenanalyse, gegenüber Pre-Post-Vergleichen auf. Diese Vorteile bestehen in der Betrachtung von Individualfällen, die trotzdem typisch für den Klinikalltag sind, und in der Erfassung von Einflussfaktoren in Abhängigkeit von der Zeit.

Altmann (2013) untersucht Bewegungssynchronisation, indem Zeitreihen des Bewegungsverhaltens von zwei interagierenden Personen analysiert werden. Mittels Videoanalyse erfolgte eine Bewegungserfassung der Probanden. Hierbei wurde die Methode der Motion Energy Analysis (MEA) verwendet, die eine automatische Erhebung von Körperbewegungen auf der Grundlage von Differenzbildern aufeinanderfolgender Videoframes realisiert. Mit Hilfe AR-simulierter Kurvenverläufe beider Personen und Korrelationsanalysen konnten positive und negative Situationen (bspw. bei Konflikten) identifiziert werden.

Die Autokorrelation kann verwendet werden, um die koordinative Interaktion zwischen Pferd und Reiter bei verschiedenen Gangarten im Dressurreiten zu quantifizieren und Differenzen zwischen Hochleistungssportlern und Breitensportlern festzustellen (Eckardt und Witte 2017).

Von Fiesel (2000) werden Einsatzverfahren von Leistungskontrollverfahren im Schwimm- und Wasserballtraining von Kindern und Jugendlichen über einen Zeitraum von drei Jahren erläutert. Insbesondere kann gezeigt werden, dass die Zeitreihenanalyse ein geeignetes Verfahren darstellt, um die Wirksamkeit von Interventionen unter Berücksichtigung der periodischen Struktur des Trainingsprozesses zu untersuchen. So stellt Fiesel (2000) auf der Basis von Zeitreihenanalysen einen zeitlich verzögerten Trainingseffekt, insbesondere bezüglich der Faktoren allgemeiner Trainingsumfang und Umfang des Konditionstrainings, fest. Allerdings stellen die Anforderungen bspw. einer ARIMA-Modellierung an einen relativ großen Datenumfang oft in der Praxis ein Problem dar.

Um den individuellen Leistungsverlauf von Athleten zu beschreiben, werden Einzelfallanalysen durchgeführt. Daraus ergeben sich zeitgestützte Datenreihen, die mit Methoden der Zeitreihenanalyse untersucht werden können (Lames 1996). Trainingswissenschaftliche Modelle, die auch mit Zeitreihen arbeiten, sind bspw. das antagonistische Fitness-Fatigue-Modell nach Banister et al. (1975) oder das Performance-Potential-Modell (PerPot-Modell) nach Perl (2006). Bekannt sind auch Modellierungen von Trainingswirkungen mit neuronalen Netzen (Hohmann et al. 2000; Edelmann-Nusser et al. 2006; Haar 2011).

Die AR-Modellierung von oberflächenelektromyografischen Signalen konnte angewendet werden, um mittels zeitabhängiger Frequenzanalyse Aussagen über die intramuskuläre Koordination treffen zu können. So konnten diesbezügliche Trainingseffekte beim Bogenschießen im Trainingsverlauf (Witte et al. 2001, beim Hanteltraining durch ein Maximal- und Explosivkrafttraining (Heller et al. 2006) und auf einer Schwimmbank beim Kraftausdauertraining (Heller et al. 2005; Ganter et al. 2007) festgestellt werden.

Eine weitere Anwendung der Zeitreihenanalyse von elektromyografischen Signalen wird von Christ (2009) vorgestellt. Die Studie beschäftigt sich mit Fragestellungen zur Beanspruchung der Hand- und Armmuskulatur bei der PC-Arbeit, wobei hier die muskuläre Ko-Kontraktion untersucht wird.

Ein anderer Anwendungsbereich, der Methoden der Zeitreihenanalyse benötigt, ist die Diagnostik der Herzfrequenzvariabilität. Unter Herzfrequenzvariabilität versteht man die unbewusste Fähigkeit die Frequenz des Herzschlags zu verändern. Diese Variabilitäten der Herzfrequenz findet man auch im Ruhezustand bei EKG-Messungen. Wichtige Ergebnisse bietet die Herzfrequenzvariabilitätsanalyse für die Diagnostik und Risikoeinschätzung im Gesundheits- und Rehabilitationsbereich, in der Stressmedizin, Arbeitsmedizin (Sammito und Böckelmann 2016) und im Sport (Hottenrott et al. 2018). Grundlage dieser Methode ist zunächst die Erstellung von Zeitreihen auf der Basis der RR-Intervalle von EKG-Signalen. Neben der Darstellung der Spektren sind aber auch nichtlineare Methoden (z. B.: Poincarè-Plotts) möglich, auf die in diesem Rahmen nicht näher eingegangen werden soll.

Da auch das Elektroenzephalogramm (EEG) ein kontinuierlich ablaufendes, unregelmäßig auftretendes zeitliches Signal ist, werden ebenfalls Methoden der linearen (bspw. Frequenzanalyse) und nichtlinearen Zeitreihenanalyse angewendet (Zschokke und Hansen 2012).

Allgemeine Anwendungen zur Zeitreihenanalyse unter Verwendung der Programmiersprache R sind bei Schlittgen (2012) zu finden.

11.5 Aufgaben zur Vertiefung

▪ **Aufgabe 1: Anwendung von Methoden der Trendermittlung**

Zeichnen Sie mit Hilfe eines Motion-Capture-Verfahrens den Zeitverlauf einer biomechanischen Variablen auf.

a) Wenden Sie die Methode des gleitenden Durchschnitts mit verschiedenen Ordnungen an. Überlegen Sie, ob der gesamte Zeitraum oder Teilabschnitte zu betrachten sind.

Entscheiden Sie, welche der möglichen Ordnungen optimal ist, und begründen Sie diese.

b) Wenden Sie die Methode der kleinsten Quadrate an. Überlegen Sie, welcher Funktionstyp inhaltlich Sinn macht, oder teilen Sie ihre Bewegung in einzelne Bewegungsphasen ein und verwenden Sie ggf. verschiedene Funktionstypen.

c) Machen Sie sich mit Splines und anderen Filtermethoden, die Ihnen softwaremäßig zur Verfügung stehen, bekannt und probieren Sie diese an Ihrem Beispiel aus.

■ **Aufgabe 2: Frequenzanalyse von elektromyografischen Signalen**

Leiten Sie bspw. am m.bic.brachii das elektromyografische Signal bei einer statischen Haltearbeit ab. Lassen Sie eine Versuchsperson unterschiedliche Gewichte halten (ca. 5–10 s).

a) Machen Sie sich mit dem Messverfahren der Oberflächenelektromyographie vertraut.

b) Leiten Sie bei jeder Gewichtsvariante das EMG-Signal ab.

c) Nehmen Sie eine EMG-Analyse nach Vorgabe der Literatur vor (z. B. Freiwald et al. 2007).

d) Überpüfen Sie, ob ein Trend vorliegt.

e) Führen Sie für jede Gewichtsvariante eine Frequenzanalyse durch. Können Sie eine Abhängigkeit von der Gewichtslast feststellen? Berechnen Sie ggf. mittlere Frequenz bzw. Medianfrequenz.

■ **Aufgabe 3: Herzfrequenzvariabilität**

Bestimmen Sie die Herzfrequenzvariabilität bei einem Stufentest.

a) Entwickeln Sie einen Stufentest (keine Ausdauerbelastung, wenn kein medizinisches Personal zur Verfügung steht!) für Laufband oder Fahrradergometer mit mindestens fünf Stufen und Stufenlänge von 2 min.

b) Legen Sie ein EKG oder eine geeignete Pulsuhr an.

c) Messen Sie stetig die Herzfrequenz, beginnen Sie im Ruhezustand.

d) Bestimmen Sie für jede Stufe und insgesamt den Trend und die Herzfrequenzvariabilität.

e) Nutzen Sie die Darstellung des Frequenzspektrums, um festzustellen, aus welchen Anteilen sich die Variabilität der Herzfrequenz zusammensetzt.

f) Wie verändert sich die Herzfrequenzvariabilität mit zunehmender Belastung?

Literatur

Altmann, U. (2013). *Synchronisation nonverbalen Verhaltens. Weiterentwicklung und Anwendung zeitreihenanalytischer Identifikationsverfahren*. Wiesbaden: Springer Fachmedien.

Banister, E. W., Calvert, T. W., Savage, M. V., & Bach, T. M. (1975). A systems model of training for athletic performance. *Australian Journal of Sports Medicine, 7*(3), 57–61.

Bourier, G. (2013). *Beschreibende Statistik. Praxisorientierte Einführung. Mit Aufgaben und Lösungen* (10., aktualisierte Aufl.). Wiesbaden: Springer Fachmedien.

Christ, O. (2009). *Sensomotorische Faktoren bei der Entstehung muskulärer Ko-Kontraktionen. Eine experimentelle Untersuchung behavioraler Parameter bei erzeugter sensomotorischer Inkongruenz am PC-Arbeitsplatz.* Diss., TU Darmstadt.

Conzelmann, A., Gerlach, E., & Valkanover, S. (2009). Analyse motorischer Entwicklungsverläufe. In J. Baur, K. Bös, A. Conzelmann, & R. Singer (Hrsg.), *Handbuch motorische Entwicklung* (S. 370–385). Schorndorf: Hofmann-Verlag.

Eckardt, F., & Witte, K. (2017). Horse rider interaction. A new method based on inertial measurement units. *Journal of Equine Veterinary Science, 55,* 1–8. ▶ https://doi.org/10.1016/j.jevs.2017.02.016.

Edelmann-Nusser, J., Hohmann, A., & Henneberg, B. (2006). Modellierung von Wettkampfleistungen im Schwimmen bei den Olympischen Spielen 2000 und 2004 mittels Neuronaler Netze. *Leistungssport, 36*(2), 45–50.

Fahrmeir, L., Heumann, C., Künstler, R., Pigeot, I., & Tutz, G. (2016). *Statistik. Der Weg zur Datenanalyse* (8., überarbeitete und ergänzte Aufl.). Berlin: Springer-Spektrum.

Fiesel, R. (2000). *Somatotypische und sportmotorische Entwicklungsverläufe von Jungen im Alter von 6 bis 16 Jahren unter Einfluss eines dreijährigen Schwimm- und Wasserballtrainings.* Diss., TU Dortmund.

Freiwald, J., Baumgart, C., & Konrad, P. (2007). *Einführung in die Elektromyographie: Sport – Prävention – Rehabilitation*. Balingen: Spitta-Verlag.

Ganter, N., Witte, K., Edelmann-Nusser, J., Heller, M., Schwab, K., & Witte, H. (2007). Spectral parameters of surface electromyography and performance in swim bench exercises during the training of elite and junior swimmers. *European Journal of Sport Science, 7*(3), 143–155.

Haar, B. (2011). *Analyse und Prognose von Trainingswirkungen. Multivariate Zeitreihenanalyse mit künstlichen neuronalen Netzen.* Diss., Universität Stuttgart.

Heller, M., Edelmann-Nusser, J., Witte, K., & Zech, A. (2005). Muskelphysiologische Leistungsdiagnostik bei Kraftausdauerbelastungen auf der Schwimmbank – Eine Längsschnittstudie. *Leistungssport, 35,* 24–29.

Heller, M., Witte, K., Edelmann-Nusser, J., Zech, A., & Schack, B. (2006). Einfluss eines Maximal- und Explosivkrafttrainings auf das zeitabhängige Frequenzverhalten von Oberflächenelektromyogrammen. *Spectrum der Sportwissenschaften, 18*(1), 5–22.

Hohmann, A., Edelmann-Nusser, J., & Henneberg, B. (2000). A nonlinear approach to the analysis and modeling of training and adaptation in swimming. In Application of Biomechanical Study in swimming. Proceedings of XVIII International Symposium on Biomechanics in Sports, Chinese University Press, Hong Kong, 31–38.

Hottenrott, H.-D., Ketelhut, S., Böckelmann, I., & Schmidt, H. (Hrsg.). (2018). *Herzfrequenzvariabilität: Methoden und Anwendungen in der Sportwissenschaft, Arbeits- und Intensivmedizin sowie Kardiologie.* 7. Internationales HRV-Symposium am 4. März 2017 in Halle (Saale) Hamburg: Czwalina (Schriften der Deutschen Vereinigung für Sportwissenschaft, Bd. 270, S. 180).

Kreiß, J. P., & Neuhaus, G. (2006). *Einführung in die Zeitreihenanalyse*. Berlin: Springer.

Lames, M. (1996). Zeitreihenanalysen: Anwendungen in der Trainingswissenschaft. In J. Krug (Hrsg.), *Zeitreihenanalysen und multiple statistische Verfahren in der Trainingswissenschaft* (S. 45–57). Köln: Sport und Buch Strauss.

Perl, J. (2006). Modellierung dynamischer Systeme: Grundlagen und Anwendungen in der Leistungsanalyse. In K. Witte, J. Edelmann-Nusser, A. Sabo, & E. F. Moritz (Hrsg.), *Sport Sporttechnologie zwischen Theorie und Praxis IV* (S. 29–38). Shaker: Aachen.

Sammito, S., & Böckelmann, I. (2016). Factors influencing heart rate variability. *International Journal Cardiovascular Forum, 6,* 18–22. ▶ https://doi.org/10.17987/icfj.v6i0.242.

Schall, A. (2012). *Zeitreihenanalyse musiktherapeutischer Effekte bei fortgeschrittener Demenz*. Berlin: Logos.

Schlittgen, R. (2012). *Angewandte Zeitreihenanalyse mit R*. München: Oldenbourg.

Schlittgen, R., & Streitberg, B. H. (2001). *Zeitreihenanalyse*. Wien: Oldenbourg.

Witte, K., Edelmann-Nusser, J., & Schack, B. (2001). Auswertung von EMG-Daten mit Verfahren der zeitvarianten Spektralanalyse – dargestellt am Beispiel des Bogenschießens. *Spectrum der Sportwissenschaften, 13*(2), 27–43.

Zschocke, S., & Hansen, H. C. (Hrsg.). (2012). *Klinische Elektroenzephalographie*. Berlin: Springer.

Serviceteil

Sachverzeichnis – 181

Sachverzeichnis

A

AD-Streuung 17, 18, 21
Ähnlichkeit 132–134, 136
Alternativhypothese 4, 5, 53–59, 66, 71–73, 76, 91, 92, 95, 100, 102, 105, 106, 115
ANOVA (Analysis of Variance) s. auch Varianzanalyse 8, 98–100, 115
arithmetisches Mittel 16
Autokorrelation 173
autoregressive Prozesse 170

B

Baumdiagramm 29, 36
biseriale Korrelation 88, 90
Bland-Altman-Methode 150, 156
Boxplot 12, 18, 19, 21, 22, 106

C

Chi-Quadrat-Test 34, 65, 72, 77
Chi-Quadrat-Verteilung 31, 34
Clusteranalyse 120
Cronbach's Alpha 148

D

Dichtefunktion 32, 33, 35
Distanzmaß 133–135

E

Effektgröße 58, 68, 106
Eigenwert 123, 127
empirische Forschung 2–4, 18, 26, 41
Erwartungswert 30–32, 46, 68, 84, 110, 161, 170

F

Faktorenanalyse V, 120–126, 128, 130, 131
– explorative 121, 124
– konfirmatorische 121, 125
Faktorladung 123, 128
Fehler 43, 55, 56, 58–60, 67, 101, 107, 121, 142

Forschung
– empirische s. empirische Forschung
Fragebogen 92, 93, 152
Friedman-Test 98, 111, 112
F-Test 68, 69
F-Verteilung 31

G

geschichtete Stichprobe 44
Grundgesamtheit 3–7, 12, 20, 35, 40–47, 52, 55, 58–60, 64–66, 68, 75, 82, 86, 91, 98, 99, 102, 154

H

Häufigkeit
– relative 27
Häufigkeitsverteilung 14, 16, 74
Hauptgütekriterium 67, 145, 147, 152, 153, 157
Hauptkomponentenanalyse 120, 126, 129, 131, 136
Hypothese s. auch Alternativhypothese; Nullhypothese; Unterschiedshypothese; Zusammenhangshypothese V, 2–5, 8, 40, 52–56, 60, 61, 91, 109, 112, 115, 160
– gerichtete 54
– ungerichtete 54

I

ICC (Interrater-Reliabilitäts-Koeffizient) 148–150, 157
Intervallskala 13, 14
Irrtumswahrscheinlichkeit 3, 48, 56, 57, 59, 92, 101
Itemselektion 144, 145
Itemvarianz 145, 146

K

Kendalls Tau 88, 89
Klumpenstichprobe 43, 49
Kolmogorov-Smirnov-Test 34
Kommunalität 123
Konfidenzintervall 47, 49, 77, 86

Korrelation
– biseriale 88, 90
– punktbiseriale 88, 90
Kovarianz 84, 85, 87, 161, 162, 169, 170, 172
Kruskal-Wallis-Test 98, 110–112

M

Maß der zentralen Tendenz 16, 17, 21
McNemar-Test 65, 72, 76, 77
Medianwert 16–18, 21
Messwiederholung 8, 67, 108–112, 118, 157
Methode
– der kleinsten Quadrate 83, 164, 166, 175
– des gleitenden Durchschnitts 164, 165, 174
metrische Skala 13
Modalwert 16, 17, 21
motorischer Test 141, 153
Moving-Average-Prozesse 170

N

Nebengütekriterium 144, 146, 147
Nominalskala 13
Normalverteilung 18, 19, 26, 31–34, 36, 47, 48, 60, 66, 68, 69, 78, 86, 91, 101, 111, 144
Nullhypothese 4, 54–56, 59, 60, 66, 68, 71, 73–77, 91–93, 99–101, 106, 109, 110, 115

O

Objektivität 145
Ordinalskala 13, 14

P

PCA (Principal Component Analysis) 120, 126, 128–130, 134, 136
periodische Schwankung 163
Periodogramm 162
Perzentile 17
Phi-Koeffizient 88, 90, 134
Posttest 76, 155

Pretest 76, 155
Produkt-Moment-
    Korrelationskoeffizient 87, 95
punktbiseriale Korrelation 88, 90

Q

Quartil 17–19

R

Rangkorrelation 88–90
Regression 82, 86
Reliabilität 3, 125, 145, 147, 148, 150,
    152, 157
Restkomponente 163, 166, 167

S

Shapiro-Wilk-Test 34, 101
Signifikanz 92, 107, 111, 112,
    116, 150
Signifikanztest 3, 58, 71, 80, 91,
    93, 109
Skala
– metrische 13
Spektraldichte 170, 172
Spektrum 168, 171
Standardabweichung 16–23, 31, 32,
    41, 70, 115, 150, 157, 161
Standardfehler 46, 47, 66
Standardnormalverteilung 33, 35, 59

Stichprobe 3–7, 12, 20, 30, 33–35,
    40–47, 49, 52, 55, 56, 59, 60, 65,
    67, 68, 71, 73, 82, 85, 91, 102, 111,
    125, 136, 144–146, 155
– abhängige 67
– geschichtete 44
Stichprobenwerteverteilung 45
Stichprobenziehung 2, 5
stochastischer Prozess 169, 170, 172
Streuungsmaß 16, 17, 21, 22, 45

T

Testkonstruktion 140, 141, 144, 145
Testtheorie V, 140, 141, 153
– klassische 141, 142
– probabilistische 143, 144
Trend 56, 154, 163, 164, 166, 175
t-Verteilung 31, 35, 48

U

Unterschiedshypothese 5, 53, 54
U-Test 65, 69, 70, 78, 93, 110

V

Validität 145, 150
Varianz 17, 18, 20, 21, 30, 41, 45,
    65, 68, 84, 85, 87, 101–103, 105,
    106, 110, 123, 126–128, 134, 135,
    148–150, 161, 162, 170

Varianzanalyse s. auch ANOVA V,
    98–102, 107–112, 115, 116, 118,
    120, 150
– einfaktorielle 101
– zweifaktorielle 107
Variationsbreite 17, 18, 21
Variationskoeffizient 17, 19, 22, 23
Veränderungshypothese 5
Verteilung 7, 14–18, 20, 26, 30, 31,
    33–36, 42, 44–46, 48, 72, 77, 92,
    99, 110, 112
Vierfelder-Kontingenztafel 74, 75,
    90, 94

W

Wahrscheinlichkeit 26–30, 32, 36, 75
Wahrscheinlichkeitstheorie V, 26
Wahrscheinlichkeitsverteilung 30, 32
White-Noise-Prozess 169, 170
Wilcoxon-Test 65, 71, 72, 77, 78

Z

Zeitreihe 160, 162–169, 171, 172
– stationäre 161
Zeitreihenanalyse V, 160, 173, 174
z-Transfomation 20
Zufallsstichprobe 42, 44, 47, 49
Zusammenhangshypothese V, 5,
    53–55, 60, 61, 80, 134

MIX
Papier aus verantwortungsvollen Quellen
Paper from responsible sources
FSC® C105338

If you have any concerns about our products,
you can contact us on
ProductSafety@springernature.com

In case Publisher is established outside the EU,
the EU authorized representative is:
Springer Nature Customer Service Center GmbH
Europaplatz 3, 69115 Heidelberg, Germany

Printed by Libri Plureos GmbH
in Hamburg, Germany